病毒学高等教育系列教材（丛书主编：王健伟）

医学病毒学实验

谢幼华　彭宜红　陈利玉　主编

科学出版社

北京

内 容 简 介

《医学病毒学实验》为《医学病毒学》的配套实验教材，全书除绪论外分为两篇：绪论主要介绍医学病毒学实验技术的发展历程；第一篇介绍实验室生物安全规范和医学病毒学实验中经常使用的实验技术；第二篇针对单一主题或单一病毒，通过案例将相关的主要实验整合在一起，包括消毒方法，以及流行性感冒病毒、乙型肝炎病毒、人类免疫缺陷病毒、轮状病毒、人乳头瘤病毒、汉坦病毒和新发病毒性传染病病原的检测及研究方法。

本书可作为医学院校临床医学、基础医学、预防医学、口腔医学、护理学等专业开展医学病毒学实验教学的教材。

图书在版编目（CIP）数据

医学病毒学实验 / 谢幼华，彭宜红，陈利玉主编. 北京 ：科学出版社，2024. 9. -- ISBN 978-7-03-079517-5

I. Q93-33

中国国家版本馆 CIP 数据核字第 20241FA260 号

责任编辑：刘　丹 / 责任校对：严　娜
责任印制：赵　博 / 封面设计：图阅盛世

科学出版社出版
北京东黄城根北街 16 号
邮政编码：100717
http://www.sciencep.com

北京华宇信诺印刷有限公司印刷
科学出版社发行　各地新华书店经销
*
2024 年 9 月第　一　版　开本：787×1092　1/16
2025 年 9 月第二次印刷　印张：9　1/2
字数：225 000

定价：39. 80 元

（如有印装质量问题，我社负责调换）

《医学病毒学实验》编委会

■ 主　编

谢幼华　复旦大学
彭宜红　北京大学
陈利玉　中南大学

■ 编　委　（以姓氏拼音为序）

陈利玉　中南大学
韩　俭　兰州大学
李　婉　南京医科大学
李冬青　武汉大学
刘　晶　复旦大学
卢　春　南京医科大学
潘冬立　浙江大学
彭宜红　北京大学
瞿　涤　复旦大学
商庆龙　哈尔滨医科大学
盛子洋　首都医科大学
谭宇蓉　中南大学
王　芳　中国人民解放军空军军医大学
王培刚　首都医科大学
吴兴安　中国人民解放军空军军医大学
谢幼华　复旦大学

严　沁　南京医科大学
易　娟　兰州大学
张俊琪　复旦大学
钟照华　哈尔滨医科大学
朱　帆　武汉大学
邹清华　北京大学

丛 书 序

在浩瀚的自然界中，病毒，这一微小而强大的生命形态，以其独特的存在方式，深刻地影响着从微观世界到宏观生态系统的每一个角落。它们既是生命的挑战者，也是生物进化的重要推手。在生命科学这片广袤的天地里，病毒学作为一门交叉融合、日新月异的学科，不仅揭示了病毒的内在奥秘，更为医学、动物学、植物学、昆虫学及微生物学等多个领域带来了革命性的进展与应用。新冠、非洲猪瘟、禽流感等疫情的肆虐，更进一步强调了发展病毒学科、加强病毒学人才的迫切性。

面对全球健康挑战与生命科学的快速发展，我国病毒学领域的高等教育亟需一套系统全面、紧跟时代步伐的教材。为积极响应党的二十大精神，深入学习贯彻习近平总书记关于教育的重要指示，落实立德树人根本任务，我们携手国内近 70 所高校及科研院所，共同编纂了这套旨在满足新时代病毒学专业人才培养需求的高质量系列教材。

本套病毒学系列教材全面覆盖病毒学总论、医学病毒学、动物病毒学、植物病毒学、昆虫病毒学、微生物病毒学及病毒学实验技术七大核心知识领域。以“病毒学领域教学资源共享平台”知识图谱为基础，构建教材知识框架，将基础知识与最新的科研成果和学术热点相结合，有利于学生系统、多维、立体地完善自身病毒学知识体系，激发他们对病毒学领域的兴趣，并培养他们的创新思维。

为满足信息时代教学和人才培养的需要，全套教材采用纸质教材与数字教材（资源）相结合的形式，极大地丰富了教学方式，提升了学习体验。知识图谱、视频、音频、彩图和虚拟仿真实验等数字资源的引入，不仅提高了教学效率，还增强了学习的互动性和趣味性，有助于学生在实践中深化对理论知识的理解。

作为病毒学领域的专业核心教材，本套教材汇聚了国内顶尖专家学者的智慧与心血，确保了内容的权威性、准确性和指导性，不仅适用于本科生的“微生物学”和“病毒学”课程，也为研究生及未来从事病毒学、微生物学、医学、兽医、农业科技等领域工作的专业人才提供了宝贵的知识储备。

我们相信，本套病毒学系列教材的出版，将有力推动我国病毒学教育事业的发展，助力提升我国高等教育人才自主培养质量，为战略性新兴领域产业人才培养提供有力支撑。

王健伟

北京协和医学院

2024 年 9 月

前　言

经历了新冠疫情，无论是从事医学病毒学研究的科研工作者，还是普通大众，都对医学病毒学的教育和科学研究给予了殷切的关注。在此背景下，《医学病毒学实验》应时而生，作为《医学病毒学》配套实验教材，在读者学习医学病毒学理论知识的同时，也为其开展医学病毒学实验提供参考。

本书绪论主要介绍医学病毒学实验技术的发展历程，以期让读者了解实验技术的进步对医学病毒学学科发展的巨大推动作用。主体内容分为两篇。第一篇首先介绍了实验室生物安全规范。鉴于医学病毒学实验的对象均为引起人类疾病的病毒，突出实验室生物安全规范的重要性理所当然，也是从事医学病毒学研究和临床工作的实验室和个人所必须遵守的。第一篇的第二章从总体上介绍医学病毒学实验中经常使用的实验技术。一些通用实验技术，如流式细胞术、超速离心、质谱分析、转录组学技术等不列入本书，感兴趣的读者可以参考“病毒学高等教育系列教材”中的《病毒学实验技术》或其他教材。

本书第二篇分为八章。每章针对单一主题或单一病毒，通过案例将相关的主要实验整合在一起。前七章包括消毒方法，以及流行性感冒病毒、乙型肝炎病毒、人类免疫缺陷病毒、轮状病毒、人乳头瘤病毒和汉坦病毒的检测及研究方法；最后在新发病毒性传染病病原的分离与鉴定这一章中以新型冠状病毒为代表讲述新发病毒实验研究的基本流程。鉴于医学病毒学实验的实用性，各章涉及的实验技术多与临床工作密切相关。虽然临床上这些方法常常已经有商用的试剂盒，甚至实现了自动化，从而大大减少了人力的投入，但了解这些实验的目的和原理，以及在条件许可的情况下，亲手设计和操作实验，仍然有助于读者了解这些实验的内在逻辑和工作原理。

本书还配备了数字资源（微课视频、教学课件、拓展阅读等）和教材知识图谱 https://kg.spacekg.com/#/knowledgeGraph/knowledgeTree/a0231d3f88d542ec89b9e3a60e24b37b，以便

读者获得更全面的认识。

显然，设计和开展医学病毒学实验要求实验者对相关病毒具有基础性的认识。本书对于相关病毒基础知识的介绍进行了必要的简化。此方面的学习可参阅理论教材《医学病毒学》。

本书是全国医学院校交流与合作的结晶，并得到了科学出版社的大力支持。编委团队中既有长期从事医学病毒学理论教学和研究的专家，也有具备丰富的医学病毒学实验教学经验的专家，同时还得到了本领域前辈、同行的热心指导和帮助，在此一并致以衷心的感谢！

医学病毒学实验技术在快速发展，尽管编者尽了最大努力，但由于水平有限，书中难免存在疏漏之处，恳请广大师生及读者批评指正。

谢幼华

2024 年 7 月

目　录

第二篇　医学病毒学实验案例

绪　论

人类对病毒认识的不断深入依赖于病毒学实验技术的发展。医学病毒学作为病毒学的一个分支，当然也不例外。医学病毒学实验技术是更广域的病毒学实验技术的一部分，但由于其研究的主体——人类病原病毒，以及常需要使用人体的组织和样本，而具有一定的特殊性，突出表现在严格的伦理要求和实验室生物安全规范。

本章对医学病毒学实验技术的发展历史进行简单的回顾。了解医学病毒学实验技术的发展历史有助于我们更好地认识科学技术的不断进步与科学认知的不断深入之间不可分割的有机联系，从而在学习医学病毒学的过程中，做到理论学习和实验技术学习并重。

一、早期的无菌过滤技术（19 世纪末）

1892 年：俄国植物学家德米特里·伊万诺夫斯基（Dmitri Ivanovsky）使用细菌过滤器研究烟草花叶病，发现烟草花叶病的致病因子能够通过细菌过滤器，但他提出这种致病因子是某种细菌毒素，没有认识到它是一种不同于细菌的新的病原体。

1898 年：荷兰科学家马丁努斯·贝杰林克（Martinus Beijerinck）重复了伊万诺夫斯基的实验，确认了伊万诺夫斯基的发现，并提出这种病原体是一种“活的毒性物质”，认为其能够繁殖而不是简单的毒素。贝杰林克称其为“病毒”（virus）。

二、早期的病毒培养和观察（20 世纪初至 30 年代）

1915～1917 年：弗雷德里克·特沃特（Frederick W. Twort）和费利克斯·德赫雷尔（Félix d’Hérelle）分别发现了细菌的病毒，特沃特将它命名为噬菌体（bacteriophage）。他们的工作奠定了噬菌体作为关键的病毒学研究模型的基础，建立的噬斑（蚀斑）形成试验成为了判定病毒感染细胞（图 0-1），以及测定感染性病毒滴度的经典方法，沿用至今。

1931 年：欧内斯特·古德帕斯特（Ernest W. Goodpasture）和爱丽斯·伍德拉夫（Alice M. Woodruff）发明了用鸡胚培养病毒和立克次氏体的方法。这项技术首先用于黄热病病毒的研究，后续又成功培养了多种病毒，这是病毒培养技术的重大突破，并为黄热病疫苗、流感疫苗、天花疫苗等的生产奠定了基础。

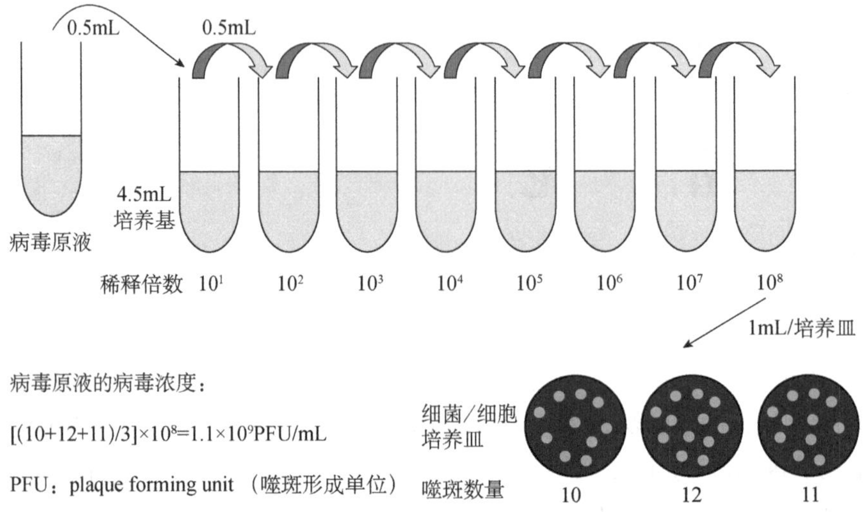

图 0-1 噬斑试验示意图

10 倍倍比稀释病毒原液，取 1mL 最终稀释度的病毒液加入培养有易感细菌或细胞的培养皿，培养后观察和计数噬斑，乘以稀释倍数，即得到病毒原液的病毒浓度

1935 年：温德尔 · 斯坦利（Wendell Stanley）结晶了烟草花叶病毒，并展示了病毒是由蛋白质组成的，该工作为病毒的结构生物学研究和理化性质研究奠定了基础。斯坦利因此获得了 1946 年的诺贝尔化学奖。

1939 年：恩斯特 · 鲁斯卡（Ernst Ruska）发明了电子显微镜，首次用于直接观察病毒颗粒。电镜技术及后续的发展使得科学家能够直接观察病毒颗粒，并解析病毒颗粒的结构，使得病毒的形态学研究取得重大进展。鲁斯卡因此获得 1986 年的诺贝尔物理学奖。

三、细胞培养和疫苗开发（20 世纪中后期）

20 世纪四五十年代：超速离心机最初于 1940 年由瑞典化学家特奥多尔 · 斯韦德贝里（Theodor Svedberg）设计制造。超速离心机的离心速度为 60 000r/min 或更多，离心力约为重力加速度的 500 000 倍，可分为制备性超速离心机和分析性超速离心机两大类。经过不断改进，已成为病毒学、生物化学、分子生物学研究中常用的技术之一。超速离心技术的开发使得科学家能够纯化病毒颗粒，并用于结构和功能研究。

1949 年：约翰 · 富兰克林 · 恩德斯（John F. Enders）、托马斯 · 哈克尔 · 韦勒（Thomas H. Weller）和弗雷德里克 · 查普曼 · 罗宾斯（Frederick C. Robbins）发现可在体外培养的人类细胞中培养脊髓灰质炎病毒。这一突破使得病毒研究和疫苗开发进入了新的阶段。他们因此获得 1954 年诺贝尔生理学或医学奖。在病毒的细胞培养基础上建立的病毒中和试验通过抗体抑制病毒感染来评估抗体效价，广泛用于疫苗开发和病毒学研究。

1955 年：乔纳斯 · 索尔克（Jonas E. Salk）开发了脊髓灰质炎疫苗，这是第一个被广泛使用的病毒疫苗，对遏止脊髓灰质炎病毒的传播及提升人类公共卫生能力建设具有里程碑意义。

四、基因工程技术（20 世纪末）

20 世纪 70 年代：保罗·伯格（Paul Berg）等开发了在选定的位点将 DNA 片段连接到病毒载体或质粒上的方法，然后将重组病毒载体或重组质粒导入细菌或动物细胞。这一突破标志着基因工程技术或重组 DNA 技术的诞生。伯格因此获得了 1980 年的诺贝尔化学奖。基因工程技术使得科学家能够克隆和表达各种各样的基因；与此同时，病毒载体技术也同步发展起来。通过将基因递送到靶细胞，腺病毒、腺相关病毒和慢病毒载体技术被开发用于基因治疗和疫苗开发。在疫苗研发领域，乙型肝炎疫苗（1986 年）是第一个使用基因工程技术生产的疫苗。

基因工程技术对于生物科学和医学的发展，乃至对人类社会的未来都产生了深远的影响。

1977 年，弗雷德·桑格（Fred Sanger）发明了第一代 DNA 测序技术——链终止法（Sanger 测序法），对噬菌体 ΦX174 基因组进行测序，首次完成了病毒基因组测序。Sanger 测序技术开启了基因组学研究，桑格因此获得 1980 年的诺贝尔化学奖。

20 世纪 80 年代：凯利·穆利斯（Kary B. Mullis）发明了聚合酶链反应（polymerase chain reaction，PCR）技术，使得检测和研究基因变得极为容易和精确。穆利斯获得了 1993 年的诺贝尔化学奖。在医学病毒学中，PCR 技术广泛应用于临床诊断和病毒学研究。

五、新兴技术（21 世纪）

（一）高通量测序技术

2005 年，454 Life Sciences 推出首个商用高通量测序平台，通过激光检测荧光信号来确定碱基序列。454 测序技术大大提高了测序速度和通量，使得整个基因组测序成为可能，加速了病毒基因组的测序。

2006 年，Illumina 公司推出了基于桥式扩增和荧光信号检测的测序平台。Illumina 测序技术在通量和成本方面具有优势，迅速成为高通量测序的主流技术。如今，Illumina 测序技术被广泛应用于基因组学、转录组学和表观遗传组学等领域。

2010 年，Pacific Biosciences 公司推出了 PacBio 单分子实时测序技术，基于实时检测 DNA 聚合酶新链合成的方式，可实现较长的读长和实时测序能力。

2014 年，Oxford Nanopore Technologies 公司推出了一种基于纳米孔（nanopore）测序技术的测序平台。这种测序方法利用纳米孔检测 DNA 或 RNA 分子通过孔道时的电流变化来确定碱基序列。Oxford Nanopore 测序技术的优势在于其较长的读长和实时测序能力。

高通量测序技术使得大规模病毒基因组研究成为可能，从而使科学家能够迅速和详细地分析病毒基因组。例如，2019 年底出现的严重急性呼吸综合征冠状病毒 2（SARS-CoV-2）基因组的快速测序，使得各国政府能迅速制定公共卫生措施，科学家能够迅速开展流行病学研究、病毒学研究和疫苗开发。

（二）RNA 干扰（RNAi）技术

1998 年，安德鲁・法尔（Andrew Fire）和克雷格・梅洛（Craig C. Mello）发现 RNA 干扰（RNAi）机制，即由非编码小 RNA 引起的基因沉默现象。随后，RNAi 技术被广泛用于研究包括病毒基因在内的各种基因的功能。法尔和梅洛获得了 2006 年诺贝尔生理学或医学奖。

（三）基因编辑技术

常用的基因编辑技术包括：锌指核酸酶（ZFN）技术、转录激活因子样效应物核酸酶（TALEN）技术和成簇规律间隔短回文重复序列/相关蛋白系统（CRISPR/Cas）。其中 CRISPR/Cas9 因其技术简单而被广泛应用。

CRISPR/Cas9 包含两种重要组分：行使核酸内切酶功能的 Cas9 蛋白和具有导向功能的 sgRNA。2012 年，詹妮弗・道德纳（Jennifer A. Doudna）、埃玛纽埃勒・沙尔庞捷（Emmanuelle Charpentier）开发了 CRISPR/Cas9 基因编辑技术，用于基因组的精确编辑，为功能基因组学研究提供了强有力的工具。道德纳和沙尔庞捷获得了 2020 年诺贝尔化学奖。另外，2013 年，张锋及其团队首次在体外用 CRISPR/Cas9 技术对小鼠和人体细胞的特定基因进行了切割。

（四）mRNA 疫苗技术

2005～2020 年卡塔琳・考里科（Katalin Karikó）与德鲁・韦斯曼（Drew Weissman）发展了核苷碱基修饰技术，使得 mRNA 疫苗成为可能。面对 COVID-19 大流行，mRNA 疫苗技术迅速得到应用。mRNA 疫苗的成功标志着病毒学和疫苗开发的新纪元。考里科和韦斯曼获得了 2023 年诺贝尔生理学或医学奖。

六、病毒检测技术的发展历程

（一）血凝抑制试验

1941 年，乔治・赫斯特（George Hirst）发明了血凝试验和血凝抑制试验，用于检测流感病毒及其抗体。该方法利用了病毒引起的红细胞凝集现象，成为流感病毒检测的重要工具。

（二）免疫荧光技术

1941 年，阿尔伯特・库恩斯（Albert Coons）开发了免疫荧光技术，用于检测病毒抗原和抗体。该技术利用荧光标记抗体，可以在显微镜下直接观察病毒感染细胞。

（三）放射免疫分析

1960 年，罗莎琳·耶洛（Rosalyn S. Yalow）和所罗门·本森（Solomon A. Berson）开发了放射免疫分析，用于检测病毒抗体和抗原。放射免疫分析技术在检测低浓度病毒抗体方面具有高灵敏度，耶洛因此获得 1977 年诺贝尔生理学或医学奖。

（四）酶免疫分析和酶联免疫吸附试验

酶免疫分析（enzyme immunoassay，EIA）是一种利用酶作为标记物进行免疫分析的方法，在 1966 年由美国的保罗·纳凯恩（Paul Nakane）、巴里·皮尔斯（Barry Pierce）和法国的斯特拉蒂斯·阿弗拉米斯（Stratis Avrameas）、若泽·乌里埃尔（José Uriel）等提出。

1971 年，彼得·珀尔曼（Peter Perlmann）和伊娃·恩格瓦尔（Eva Engvall）发展出一种酶标固相免疫测定技术，即酶联免疫吸附试验（enzyme linked immunosorbent assay，ELISA），利用酶标记抗体检测病毒抗体和抗原。ELISA 成为广泛使用的病毒检测技术，具有高灵敏度和特异性。

（五）单克隆抗体技术

1975 年，乔治·科勒（Georges Köhler）和塞萨尔·米尔斯坦（César Milstein）开发了单克隆抗体技术，单克隆抗体技术提供了高特异性的抗体，广泛用于病毒检测和研究，也用于病毒诊断和治疗。科勒和米尔斯坦因此获得 1984 年诺贝尔生理学或医学奖。病毒中和试验可测定病毒抗体的效价，广泛用于疫苗开发和病毒研究。该试验通过抗体抑制病毒感染来评估抗体效价。

（六）核酸检测技术

1983 年，凯利·穆利斯发明了聚合酶链反应（PCR），用于扩增 DNA。后续各种形式的 PCR 技术的发展使得检测和研究病毒基因组变得更加便利。图 0-2 为巢式 PCR 的工作流程。

1987 年，首次使用逆转录 PCR（RT-PCR）技术扩增病毒 RNA，将逆转录酶和 PCR 技术结合了起来。RT-PCR 广泛应用于 RNA 病毒的检测，如人类免疫缺陷病毒（HIV）和新型冠状病毒。

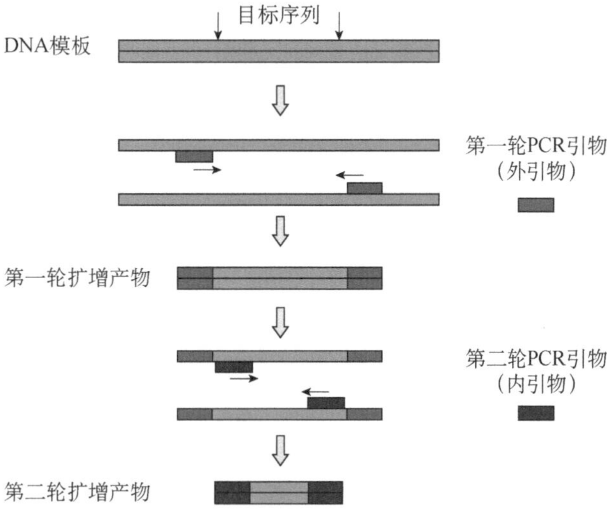

图 0-2 巢式 PCR 的工作原理

1992 年，Higuchi 提出实时 PCR（real-time PCR）技术，使得病毒 DNA/RNA 的定量检测成为可能。1996 年，ABI 公司推出第一台定量 PCR 仪。这一技术通过荧光染料实时监测 PCR 扩增过程，广泛用于病毒载量检测。

除了以上技术，流式细胞术、微阵列技术、蛋白质组学技术、质谱分析等通用技术也被广泛用于病毒学基础研究，并在临床诊断、疫苗开发和治疗方法的改进中发挥了重要作用。

医学病毒学实验技术的发展简史展示了实验技术创新对基础研究、生物医药研发的巨大推动作用。病毒学研究的需求又不断为新技术的发明和优化提供了不竭的源泉。两者相辅相成，为病毒学的发展提供了不懈的前进动力。

（谢幼华）

第一篇 医学病毒学实验基础

第一章　病原微生物实验室生物安全

本章要点

1. 介绍生物安全相关的法律法规。
2. 叙述实验室生物安全防护的分级。
3. 阐明实验室生物安全管理的重要性和管理原则。
4. 树立遵守和按照实验室生物安全规范操作的理念。

本章课件

生物安全（biosafety）是国家安全的重要组成部分，纳入了国家安全体系。《中华人民共和国生物安全法》（简称《生物安全法》）对生物安全的定义如下："国家有效防范和应对危险生物因子及相关因素威胁，生物技术能够稳定健康发展，人民生命健康和生态系统相对处于没有危险和不受威胁的状态，生物领域具备维护国家安全和持续发展的能力。"生物安全将保障人民生命健康作为宗旨，明确维护生物安全应当坚持以人为本的原则，在防范和应对各类生物安全风险时，始终以维护人民生命安全和健康为基点。《生物安全法》中的"生物安全"涵盖了人和动植物疫情防控、生物技术应用、病原微生物实验室生物安全和人类遗传/生物资源管理、生态环境维护、耐药控制、生物恐怖袭击防范等相关活动（图 1-1）。上述相关的实验活动，包括研究、检测、产品研发等均需要在实验室开展。因此，实验室生物安全也是国家安全的重要组成部分。

第一节　实验室生物安全概述

"生物安全"的定义由美国国立卫生研究院（National Institute of Health）在《重组 DNA 分子研究指南》（*Guideline for Research Involving Recombinant DNA Molecules*，1976）中首次提出，即采用系列措施控制实验室病原微生物感染人和污染环境的风险。在此，生物安全的定义是狭义的，仅指实验室的生物安全。

实验室生物安全理念的形成与实验室获得性感染（laboratory acquired infection，LAI）密切相关。实验室获得性感染又称实验室相关感染（laboratory associated infection），其定义

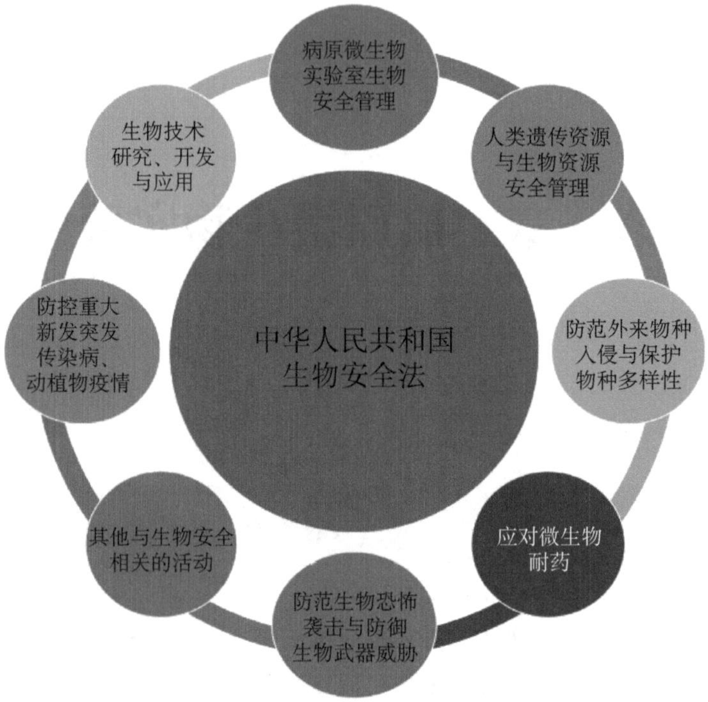

图 1-1 《中华人民共和国生物安全法》涵盖范畴

为：实验人员在实验室开展相关活动过程中获得的感染，无论感染者是否具有临床表现或亚临床表现。

自从 18 世纪科学家在实验室中开展病原微生物的研究起，实验人员的实验室获得性感染事件就不断发生，如伤寒、霍乱、鼻疽病、布鲁氏杆菌病等。在第二次世界大战期间，美国、日本、德国、苏联等利用病原微生物研究生物战剂，在这些实验室中 LAI 发生率高。根据所报道的 LAI 病例，多数（约 58%）发生在研究型实验室。

实验室获得性感染病例分析结果显示：从事病原微生物有关的实验人员感染病原微生物的风险明显高于普通人群。病原微生物实验室或临床医学实验室是 LAI 高风险场所，有关实验人员是 LAI 的高危人群。美国、英国的调查结果显示，临床检测实验室工作人员的乙型肝炎病毒（HBV）感染率是普通人群的 7～10 倍，该类实验室人员平时需处理（分离、培养和检测）大量各种类型的临床样本（可能含数种病原），接触污染的操作台面和物品，以及实验废弃物，如果个人防护不当，可能导致实验室获得性感染。多种实验操作（如对感染性物质进行混匀、研磨、振摇、搅拌、超声、离心及动物感染实验等）均可产生感染性微生物气溶胶，加之操作人员防护不到位，气溶胶可随着呼吸进入肺部，存在很大的感染风险。然而，由于已报道的 LAI 病例远低于实际发生数，实验室获得性感染率通常被低估。

实验室感染事件比我们所了解的情况更为严重。虽然表面上实验室获得性感染仅限于个别实验人员，但却隐藏着巨大的公共卫生风险。例如，感染因子从实验室泄漏可能祸及实验室其他人员（同事、家庭成员）或社区人群，甚至可能影响周围环境，引发大规模的感染事件。随着研究病原微生物的种类增多、研究内容深入和范围扩大，实验室获得性感染事件增多，实验室的生物安全防护逐渐得到重视。为了避免实验人员感染或环境污染，实验室生物安全的概念进入公众视野。

实验室生物安全（laboratory biosafety）是指在实验活动过程中，实验室的生物安全条件和状态不低于容许水平，符合相关法规、标准等对实验室生物安全责任的要求，确保从事实验活动的实验人员的人身安全，避免病原微生物或相关生物因子造成实验室人员获得性感染，以及避免其扩散至室外环境导致周围人群、动物或社区危害的预防和控制措施。

第二节　实验室生物安全防护等级

一、生物安全实验室

生物安全实验室（biosafety laboratory，BSL）又称为生物安全防护实验室（biosafety containment for laboratory），其目的是通过防护屏障和管理措施来控制和减少潜在的生物安全风险，防止实验中的生物危害因子泄漏或扩散，保护实验人员和环境的安全，为开展传染病预防、生物防范和应用研究必备的实验安全平台和场所。生物安全实验室包括病原微生物实验室和生物学实验室，专门用于处理、研究或保存具有生物危害的病原微生物、毒素或毒力因子、细胞或其他生物材料的实验室。生物学实验室涉及动物学、植物学、微生物学等多学科；病原微生物学实验室主要涉及致病性微生物的培养、检测和鉴定，临床样本检测，药物筛选和验证，诊断试剂和疫苗研发，动物试验等活动。目前科学研究呈学科交叉趋势，因此在其他学科，如化学、物理、生物物理等实验室也可能开展相应的实验活动，均存在生物安全风险。由此可见，实验室生物安全不仅限于公共卫生领域，也可延伸到其他科学范畴。开展病原微生物或有害生物因子实验活动，就会存在实验室获得性感染和扩散至环境的风险。

2003 年全球的严重急性呼吸综合征（SARS）疫情基本平息后，又发生了 SARS 实验室获得性感染事件，引起了我国对实验室生物安全问题的重视。2004 年 11 月，国务院颁布了《病原微生物实验室生物安全管理条例》（中华人民共和国国务院令第 424 号），以规范和指导我国实验室生物安全管理工作。随后各管理部门陆续颁布了实验室生物安全相关的标准和法规，使我国实验室生物安全管理步入法制化和规范化的轨道。随着科技的进步和发展，经济全球化的进程，新发、突发传染病的不断出现给人类健康和社会带来巨大压力，实验室生物安全也面临挑战。目前我国高度重视生物安全实验室能力建设，强调要加强法治建设和强化管理，规范实验室生物安全操作程序、通过培训加强科研人员生物安全意识和能力，以提升生物安全实验室管理水平。

二、实验室生物安全防护要求

（一）实验室生物安全防护水平分级

《生物安全法》提出“国家根据对病原微生物的生物安全防护水平，对病原微生物实验室实行分等级管理”，并明确规定个人不得设立病原微生物实验室或者从事病原微生物实验活动。我国根据操作病原微生物和实验活动的实验室生物安全等级（biosafety level，BSL）要求，将实验室生物安全等级分为一级、二级、三级和四级（表 1-1）。一级生物安全实验室的防护水平为最低，四级生物安全实验室的防护水平为最高。开展体外实验操作的实验室，其相应生物安全防护水平分别以 BSL-1、BSL-2、BSL-3、BSL-4 表示；开展动物活体操作（感染性实验）的实验室，其相应生物安全防护水平分别以 ABSL（animal biosafety level，动物生物安全水平）-1、ABSL-2、ABSL-3、ABSL-4 表示。动物生物安全实验室还分为从事脊椎动物和无脊椎动物实验活动的实验室。《生物安全法》将三级和四级生物安全实验室列为高等级生物安全防护实验室。

表 1-1　实验室生物安全等级

实验室生物安全等级（BSL）	特点	举例
BSL-4	对人体、动植物或环境具有高度危险性，通过气溶胶途径传播或传播途径不明，或未知的、危险的致病因子。没有预防治疗措施	埃博拉病毒 尼帕病毒 马尔堡病毒
BSL-3	对人体、动植物或环境具有高度危险性，通过气溶胶可使人传染上严重的甚至是致命疾病。通常有预防治疗措施	高致病性禽流感病毒 新型冠状病毒 人类免疫缺陷病毒
BSL-2	对人体、动植物或环境具有中等危害或具有潜在危险的致病因子。有有效的预防和治疗措施	乙型肝炎病毒 轮状病毒 麻疹病毒
BSL-1	对人体、动植物或环境危害较低，不具有对健康成人、动植物致病的致病因子	适用危害程度第四类的微生物、危害程度第三类微生物的灭活材料、无感染性材料

《生物安全法》规定，从事病原微生物实验活动应当在相应等级的实验室进行。低等级病原微生物实验室（一级、二级生物安全实验室）不得从事国家病原微生物目录规定应当在高等级生物安全实验室进行的高致病性病原微生物实验活动。三级、四级生物安全实验室必须获得上级有关主管部门批准后方可建设和从事相应的高致病性病原微生物实验活动。

《病原微生物实验室生物安全管理条例》规定，三级、四级实验室应当通过实验室国家认可。三级、四级实验室，需要从事某种高致病性病原微生物或者疑似高致病性病原微生物实验活动的，应当依照国务院卫生主管部门或者兽医主管部门的规定报省级以上人民政府卫生主管部门或者兽医主管部门批准。实验活动结果以及工作情况应当向原批准部门报告。

不同生物安全级别的实验室，根据所操作对象和开展的实验活动，对实验室管理体系、关键设施和设备、人员素质和专业能力、个人防护等会有不同的要求。在确定实验室生物安全水平级别时，必须进行风险评估，考虑所操作的病原微生物种类、实验活动内容、可利用的实验设施设备、实验室内从事安全工作所需要的仪器的操作和程序等。国家卫生健康委员会颁发的《人间传染的病原微生物目录》（2023）对于常见的大多数病原微生物应在什么生物安全防护等级的实验室进行相应的实验活动给出了相应的规定。研究动物疫病的病原微生物时，需参考农业农村部颁发的《动物病原微生物分类名录》。

（二）生物安全实验室建设的要求

病原微生物实验室的建设应遵守我国生物安全实验室建设规范及标准。病原微生物实验室应当符合生物安全国家标准和要求。目前我国已有的生物安全实验室建设的国家标准有：《生物安全实验室建筑技术规范》（GB 50346—2011）和《实验室生物安全通用要求》（GB 19489—2008），以及行业标准或规范《病原微生物实验室生物安全通用准则》（WS 233—2017，卫生行业标准）和《兽医实验室生物安全管理规范》（2003，农业部公告第302号）。

生物安全实验室构成的主要要素包括：设施设备防护（物理）屏障系统、生物安全防护设备、个人防护装备、规范的微生物操作规程和实验室生物安全管理体系，以避免病原微生物及相关生物因子造成实验室人员感染或扩散至环境。

1. 生物安全实验室的屏障系统　该系统为了保护实验室人员和环境不受操作病原微生物或生物因子危害而设，分为一级防护屏障、二级防护屏障和三级防护屏障。

（1）*一级防护屏障*　目的是防止操作人员与生物性、化学性或物理性危害因子直接接触，或将危害因子隔离在一定空间内的措施，主要由生物安全柜、隔离器、个体防护装备（如手套、口罩、护目镜、防护服等）构成。

（2）*二级防护屏障*　实验室的物理围护结构（物理隔离屏障），隔离实验室和外部环境，防止实验室操作所产生微生物和颗粒物扩散到外部环境造成环境污染，以及防范危害因子外泄而导致实验室以外的人或动物被感染或其他伤害。

（3）*三级防护屏障*　实验室管理体系和实验人员的能力及其对标准操作规程（standard operation procedure，SOP）的依从性列为“三级防护屏障”。

2. 生物安全实验室主要关键设备　生物安全实验室主要关键设备包括生物安全柜、负压动物隔离装置、个体防护装备、压力蒸汽灭菌器、实验室终末消毒仪器等。

（1）*生物安全柜（biosafety cabinet，BSC）*　属于一级防护屏障，是可防止实验操作过程中产生的气溶胶逸散至环境中的箱式空气净化负压安全装置。BSC是生物安全实验室关键的设备之一，其主要工作原理是：将外界空气经高效空气过滤器（high efficiency particulate air filter，HEPA）过滤后进入BSC内，以避免处理样品被污染；通过垂直气流来保护实验操作人员；BSC内保持负压状态，柜内的空气经过HEPA过滤后向外排放，避免操作样本污染实验室及其外围环境。

《生物安全柜》（GB 41918—2022）根据气流及隔离屏障设计结构将BSC分为Ⅰ级、Ⅱ级、Ⅲ级三个等级。

1）Ⅰ级生物安全柜（BSC-Ⅰ）是有前窗操作口的生物安全柜，操作者可通过前窗操作口在生物安全柜操作区进行操作，用于对人员和环境进行保护。前窗操作口向内吸入的负压气流用以保护人员的安全，排出气流经HEPA过滤可保护环境不受污染。

2）Ⅱ级生物安全柜（BSC-Ⅱ）是有前窗操作口的生物安全柜，操作者可通过前窗操作口在生物安全柜操作区内进行操作，对操作过程中的人员、产品及环境进行保护。前窗操作口向内吸入的负压气流用以保护人员的安全；经HEPA过滤的垂直气流用以保护受试样本；气流经HEPA过滤后排出可保护环境不受污染。BSC-Ⅱ为生物安全实验室最为常用的生物安全柜。

3）Ⅲ级生物安全柜（BSC-Ⅲ）是具有全封闭、不泄漏结构的生物安全柜。人员通过与柜体密闭连接的手套在生物安全柜操作区内实施操作。生物安全柜内对实验室的负压应不低于 120Pa。下降气流经 HEPA 过滤后进入生物安全柜；排出气流经两道 HEPA 过滤后排放到室外。

（2）压力蒸汽灭菌器　压力蒸汽灭菌器是一种利用饱和蒸汽对物品进行迅速而可靠的消毒灭菌的设备，是公认的灭菌效果最为可靠的灭菌技术之一，是生物安全实验室不可或缺的关键设备之一，用于对实验所产生的污染废弃物进行消毒灭菌。有手提式压力蒸汽灭菌器、台式或立式压力蒸汽灭菌器、脉动真空蒸汽灭菌器等。生物安全实验室使用的大型压力蒸汽灭菌器设备为压力容器类中的特种设备，归《特种设备安全监察条例》管理。压力蒸汽灭菌器需要办理特种设备使用证，操作人员需持有特种作业人员证书，压力容器需定期检验。对于新投入使用的压力容器，满 3 年时进行首次全面检验，之后的全面检验周期根据本次全面检验结果由检验机构确定。压力容器还需要每年至少进行一次年度检查。未经定期检验的压力容器不得使用。压力容器的安全附件，安全阀每年校验 1 次，压力表每半年检定 1 次，未经检验的安全附件不得使用。实验活动产生的感染性废弃物压力蒸汽灭菌处置后由指定单位回收定点焚烧。

（3）实验室终末消毒仪器　在实验结束后，实验室需要进行一次彻底消毒，即终末消毒，其目的是完全消灭残留在实验台面或物体表面上的病原体。用于终末消毒的仪器较多（如过氧化氢消毒机等），可根据所操作的病原、开展的实验活动及使用的仪器，经风险评估后选用合适的终末消毒仪器。

（三）病原微生物危害程度分类与实验活动的国家标准

实验室生物安全管理首先必须明确操作病原微生物或生物因子的危害程度及拟开展的实验活动。《生物安全法》第四十三条规定：国家根据病原微生物的传染性、感染后对人和动物的个体或者群体的危害程度，对病原微生物实行分类管理。我国根据病原微生物的传染性、感染后对个体或者群体的危害程度，将病原微生物分为四类。第一类病原微生物是指能够引起人类或者动物非常严重疾病的微生物，以及我国尚未发现或者已经宣布消灭的微生物；第二类病原微生物是指能够引起人类或者动物严重疾病，比较容易直接或者间接在人与人、动物与人、动物与动物间传播的微生物；第三类病原微生物是指能够引起人类或者动物疾病，但一般情况下对人、动物或者环境不构成严重危害，传播风险有限，实验室感染后很少引起严重疾病，并且具备有效治疗和预防措施的微生物；第四类病原微生物是指在通常情况下不会引起人类或者动物疾病的微生物。

世界卫生组织（World Health Organization，WHO）指出各国（地区）应该按照病原微生物危险程度及当地具体情况，确定各国的病原微生物危害程度分类。其中应考虑的主要因素是：微生物的致病性，微生物的传播方式和宿主范围，当地具备的有效预防措施、卫生措施及动物宿主或节肢动物媒介的控制，以及当地所具备的有效治疗措施。病原微生物危害程度分类可因环境因素而异，不同国家或地区的病原微生物危害程度分类会有所不同。

根据实验室开展的病原微生物及相关因子危害等级和实验活动内容不同，实验室所采取的生物安全防护措施有所不同。为了便于实验室生物安全的管理和监管，我国相应主管部门制定了以下病原微生物管控清单。

《人间传染的病原微生物目录》（2023，国家卫生健康委员会，国卫科教发〔2023〕24 号）。

《动物病原微生物分类名录》（2005，农业部，农业部令第 53 号）。

《兽医实验室生物安全管理规范》（2003，农业部，农业部公告第 302 号）。

《动物病原微生物实验活动生物安全要求细则》（2008，农业部，农医发〔2008〕27 号）。

上述清单列出了相关病原微生物的危害程度分类，并强调实验室生物安全防护水平及风险管理与拟开展的病原微生物或生物因子的实验活动类型和内容有关（不限于病原本身的危害程度）。

第三节 实验室生物安全管理

实验室生物安全管理应贯彻总体国家安全观，统筹发展和安全，坚持以人为本、风险预防、分类管理、协同配合的原则。实验室生物安全管理即风险管理，原则是依法、循证、严格，但必须具有科学性和实际可操作性。

世界各国对于生物安全监管的框架及实验室生物安全管理的方式有较大差异。一些国家制定了详细的生物安全和生物安保立法，实行严格的监管，并建立了明确界定利益相关方的责任和程序，而另一些国家则缺乏关于实验室生物安全和生物安保的监管规定或指南。我国制定了与实验室生物安全相关的法律法规，如《生物安全法》（2020 年）及《病原微生物实验室生物安全管理条例》（2004 年颁布，2018 修订）等。

因生物安全实验室涉及面广，为了便于讨论，本节将依据我国的法律法规，对病原微生物实验室生物安全管理进行讨论。

一、实验室生物安全管理原则

1. 依法管理 严格遵守国家标准和实验技术规范、操作规程。

2. 循证管理 基于科学证据，充分利用合理逻辑，充分援引事实，将科学管理原理结合本单位的具体情况转化为实践和组织行为。

3. 严格管理 实验室生物安全管理根据“安全第一，预防为主，综合治理”的方针，按照所建立的规章、制度和措施进行严格规范管理，消除或防范所有不安全因素。

4. 风险管理 明确实验室拟开展的生物因子及实验活动之后，对拟操作的生物因子及开展的实验活动、实验室条件（设施、设备和环境）、实验人员、实验室能承担的工作量或工作强度、现有管理体系等进行风险识别和风险评估，制定相应的风险控制措施，以降低和消除生物安全风险。风险管理措施的制定应科学合理，注重采用操作性强并能解决问题的方法。

5. 可持续性 即在实验室建设和运行管理中要考虑实验室的将来发展，包括经费、物质资源、人力资源和学科发展等。

二、实验室生物安全管理体系的组织架构

实验室设立单位的管理体系组织架构的主要组成如下。

1. 单位实验室生物安全法定代表人　与实验室负责人一起对实验室的生物安全负责。

2. 单位实验室生物安全管理部门　负责管理和协调实验室生物安全的相关工作。

3. 单位实验室生物安全委员会　负责组织专家对实验室的设立、生物安全管理体系及其运行等进行监督、评估、技术咨询和指导，并提出处理和改进意见等（包括实验室运行的生物安全风险评估和实验室生物安全事故的处置）。

4. 实验动物管理委员会和动物伦理审查委员会　由所在单位的相关专业专家组成。负责受理实验动物伦理审查的申请，检查各有关部门实验动物福利和伦理审查制度及其执行情况。

5. 生物安全实验室负责人　依据生物安全法的要求必须对实验室的生物安全负责。

6. 实验室生物安全保障部门　实验室设立单位应有相关职能部门负责实验室安全保障，建立保卫制度，采取有效的安全措施，以防止病原微生物菌（毒）种及样本丢失、被窃、滥用、误用或有意释放。从事高致病性病原微生物相关实验活动的实验室应向当地公安机关备案，接受公安机关对实验室安全保卫工作的监督指导，并应按照国家有关规定建立相应的保密制度。

三、实验室生物安全管理制度体系

实验室生物安全管理制度体系由依据国家的法律法规和相关标准制定的规章制度、管理规程、程序文件及标准操作规程组成。实验室生物安全管理制度体系包括依据国家的法律法规和相关标准制定的规章制度、管理规程、程序文件、作业指导书、标准操作规程和记录表单等。然而，生物安全管理制度的重点是执行力，因此在指定生物安全管理制度体系时应考虑可操作性。

1. 管理制度体系建立原则　实验室生物安全管理制度体系应文本化，将所涉及的政策、制度、规范、程序、方法、标准及过程记录等形成文件（即管理体系文件，包括制度、程序、标准操作规程、记录表单等）、应对风险和应急事件的方案或措施（应急预案）。确保实验室全体工作人员熟悉、理解、贯彻执行生物安全管理体系文件，以保证实验室有序和有效的（生物）安全运行。编写管理体系文件时可参考《实验室生物安全通用要求》（GB 19489—2008）、《病原微生物实验室生物安全通用准则》（WS 233—2017）等标准。

2. 管理体系编制主要原则　实验室生物安全管理制度体系的制定和编写应由实验室设立单位负责实验室生物安全的机构组织协调，相关职能部门和实验室参与管理制度体系制定、编写和审核，由相关职能部门及有实践经验的技术和管理人员参加文件编制。

3. 管理体系文件框架　管理体系文件框架分为四层：实验室生物安全管理手册、程序文件、作业指导书和记录表格。

4. 应急预案　实验室应制定应急预案和意外事故的处置程序，包括生物性、化学性、物理性、放射性等意外事故，以及火灾、水灾、冰冻、地震或人为破坏等突发紧急情况等。

四、实验室生物安全管理体系运行

实验室管理者必须树立过程观念，掌握管理体系的运行规律，及时分析解决体系运行中出现的问题，并注意解决实验室在内外环境变化时体系的适应性问题，保证体系有效地运行。为确保生物安全管理体系有效运行，必须梳理各个环节及其相互关联性，保证各环节环环相扣，工作有序有效。在实验室生物安全管理体系运行中需要建立风险管理思维：识别、分析和评定可能导致偏离预期结果或目标的不确定因素（风险），并通过与相关方的沟通和协商，监测和审评风险，采取相应的风险控制措施，进行风险管理。

实验室生物安全管理体系运行中的重要环节包括：生物安全管理体系中的各层级管理人员责任分解，实验室人员（管理层和操作人员等）的生物安全培训和考核，实验人员的健康和监测，实验室内务管理，实验活动管理，实验动物管理，物品进出的控制和消毒灭菌，实验废弃物的处置，菌毒种管理，实验室设施设备的维护维修管理，安全监督检查（实验室或管理层），生物安保、内审和管理评审，以及管理体系的持续改进等。实验室生物安全管理体系运行均需要及时记录并保存。为了确保实现实验室生物安全的目标，管理体系需要根据国家法律法规和技术标准要求的更新和管理体系在实施中的具体情况进行相应的调整或变更。

在实验室生物安全管理体系运行中容易被忽视的一个重要问题是实验感染性废弃物的处置。实验室所产生的感染性废弃物的处置应符合国家或地方法规和标准的要求，应符合《医疗废物管理条例》（2011 修订，国务院令第 588 号）的规定，并由专人负责；实验室污染性废物经压力蒸汽灭菌后，由经当地环保部门资质认定的医疗废物处理单位集中处置（焚烧）。实验室废物处置应有书面记录，并存档。

此外，在实验室生物安全管理体系运行中应对实验室所有人员进行应急预案和意外事故处置程序的培训和定期演练，确保人员熟悉应急预案，确保实验室的应急能力。

思考题

1. 什么是实验室获得性感染?
2. 简述实验室生物安全管理特点。
3. 什么是实验室生物安全的风险管理?
4. 简述实验室生物安全的重要性。
5. 实验室生物安全相关的法律法规有哪些?
6. 简述实验室生物安全防护水平的分级。
7. 简述病原微生物危害程度分类的依据和等级。

（张俊琪　瞿　涤　谢幼华）

第二章　病毒的检测技术

本章要点

1. 根据病毒的生物学特性与人体免疫应答的规律，采集不同的样本进行病毒的鉴定与分析。
2. 电镜检查可观察病毒的大小、形态和结构；光镜可观察病毒包涵体和感染细胞的特征。
3. 病毒分离培养与鉴定是病毒学研究、病毒疫苗制备的基本技术，也是病毒感染诊断的金标准，其中细胞培养是目前最常用的方法。
4. 检测病毒核酸分子、特异性蛋白质分子等，具有灵敏度高、特异性强、简便快速、可用于大量样本检测等优点，被广泛应用于病毒感染的诊断、鉴定与研究。
5. 检测病毒特异性或相关的抗原、抗体及其他相应免疫应答产物可辅助病毒感染的诊断、鉴定与研究。

本章微课

病毒的检测技术广泛应用于病毒感染的诊断、治疗与研究。根据检测内容，病毒的检测技术主要包括经典检测方法、分子检测技术和免疫学检测技术。病毒的经典检测方法主要是依赖形态学观察的电子显微镜技术与病毒分离培养技术等；病毒的分子检测是通过检测病毒核酸、特异性蛋白质及其他代谢产物等对病毒进行鉴定与分析；病毒的免疫学检测是通过检测病毒特异性或相关的抗原及其相应免疫应答产物等对病毒进行鉴定与分析。常用的病毒检测技术见图 2-1。

第一节　病毒的样本采集

由于病毒的种类不同和疾病的阶段不同，感染人体的病毒存在于不同的组织或器官内，并通过一定的途径在体内扩散或排出体外。因此应根据病毒的生物学特性与人体免疫应答的规律，采集不同的样本进行病毒的鉴定与分析。

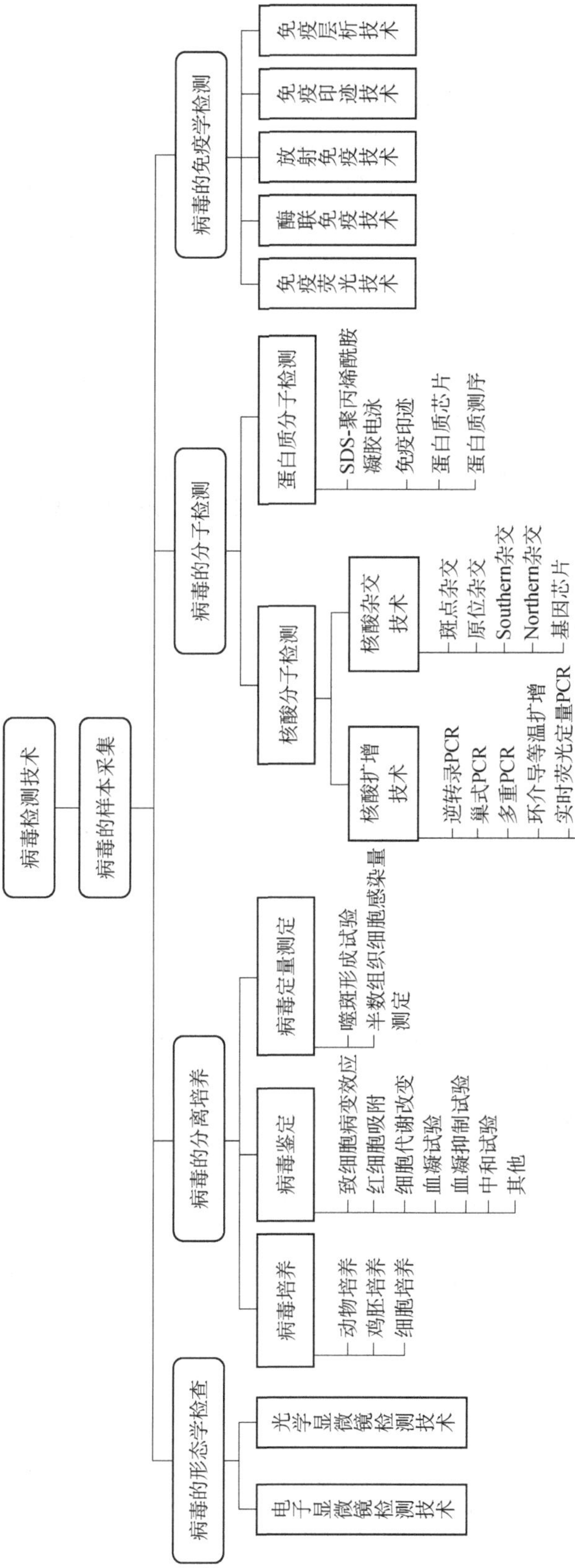

图 2-1　常用的病毒检测技术

一、采集样本前做好标记

采集样本之前，首先须在样本容器上做好相关的标记，所做标记必须字迹清晰，附着牢固，含义明确。准确填写样本送检单，注明患者姓名、年龄、性别和疑似诊断等信息，以及样本来源和检验目的，便于实验室选择适宜的培养和鉴定方法。样本的规范标记不但能够避免样本运送与检测过程可能造成的混淆或错误，还有助于对检验结果进行正确的分析与判断。

二、样本采集时间

分离或检测病毒应尽可能在病程的早期、急性发作期或症状典型时，或使用抗病毒药物之前采集样本。在不同病程的情况下，病毒感染标志物的检测结果存在差异。例如，在发病时和急性期大多可以检测出病毒，在前驱期可能检测出，而在潜伏期、恢复期和痊愈期基本无法检测出。检测病毒抗体则须选取恢复期、痊愈期和急性期样本，少数发病早期的样本可能检测出，而潜伏期和前驱期不能检测出抗体。

三、样本种类与部位

依据感染部位、疾病类型和病程来确定应采集的样本，核心是保证样本中存在活的病毒或可检测到的病毒成分。例如，流感病毒感染者的咽漱液或鼻咽拭子；腮腺炎病毒感染者的唾液或脑脊液；轮状病毒感染者的粪便；单纯疱疹病毒感染者的水疱液或阴道拭子；人类免疫缺陷病毒感染者的血液；狂犬病死者或动物的脑组织；病毒血症期的血液等。

四、样本处理和保存

取材时应无菌操作，将采集到的样本盛放于无菌容器中，避免样本被环境中的微生物污染。有细菌或真菌污染的样本进行病毒分离培养时，须经滤过除菌，或使用抗细菌（如青霉素、链霉素）或抗真菌（如两性霉素 B）药物处理，并离心除去污染的细菌或真菌。血液、脑脊液可直接接种于细胞。病毒耐冷怕热，离体后在室温易失活，样本应低温保存并尽快送检。若距离实验室较远，应将样本放入装有冰块或干冰的容器内送检。病变组织则应保存于50%的甘油缓冲液中。不能及时送检的样本需妥善保藏，保藏的条件需根据待检病毒的性质进行选择与确定，通常用于分离培养病毒的样本，需在−20℃以下的低温条件保藏，但应避免反复冻融，若一份样本进行多种检测，宜分装保存。用于检测抗体的全血必须在冻存前分离出血清。

五、血清学诊断样本

检测病毒 IgM 抗体时采集单份血清样本即可，而检测病毒 IgG 抗体的血清样本应采集双份血清，动态观察抗体效价变化。例如，在急性期和恢复期各采集一份血清，观察两份血清中抗体效价的动态变化。通常恢复期血清抗体效价比急性期效价升高 4 倍或以上时具有诊断价值。

六、保障生物安全

样本采集、运送和检测过程中均要在符合生物安全要求的条件下进行，做好个人、样本和实验室的防护，防止病毒感染与传播。

第二节　病毒的形态学检查

电子显微镜可直接观察病毒的大小、形态和结构，但设备昂贵、操作复杂，作为常规病毒感染诊断的应用受限，但对新发病毒性感染的诊断，仍具有重要价值。光学显微镜可观察病毒包涵体和感染细胞的特征，但对多数病毒检测意义不大。

一、电子显微镜检测技术

电子显微镜（简称电镜）分为扫描电镜（scanning electron microscope）和透射电镜（transmission electron microscope）两种类型，前者主要用于观察病毒的大小、形态和表面结构，后者还用于观察病毒内部的超微结构。另外，将特异性抗体与样本相互作用，形成病毒-抗体复合物，可明显提高电镜的敏感性并具有特异性，称为免疫电镜术（immuno-electron microscopy）。埃博拉病毒、甲型肝炎病毒、乙型肝炎病毒、轮状病毒和诺如病毒等均是利用被首次发现的。近年来，采用冷冻电子显微术（cryo-electron microscopy）及电子断层成像技术可观察病毒完整的三维形态结构，其方法是快速将病毒悬液冷冻成为玻璃状样品，然后在低温条件下用电镜观察，再通过数字成像技术多角度对样品进行图片采集，经过计算机三维重构得到病毒完整三维形态结构图片。

拓展阅读

常用透射电镜检测病毒，其方法有负染法、超薄切片法、免疫电镜检测法、胶体金法等。

1. 负染法　该方法使用起来较为快速简便，可以对病毒的形态、大小、表面结构及有无包膜等基本情况进行直接观察。染色剂可以根据实际情况选用磷钨酸、乙酸铀、甲酸铀及钼酸铵等。负染法检测的样品既可以使用病毒纯化液，也可使用粗提液。

2. 超薄切片法　细胞在被病毒感染后会导致细胞产生一系列病理变化，超薄切片检测法可以观察病毒在宿主细胞内的分布，了解细胞病变，能对病毒的感染、增殖等进行动态观察，尤其对于某些未知的病毒、难以提纯的病毒等样品可用超薄切片法。

3. 免疫电镜检测法　一般与负染法相结合使用，利用抗原-抗体特异性结合的特性，实现病毒的集中沉积，并用电镜在有效的视野内观察，病毒被检测到的概率得到极大的提高，从而提高检测的灵敏度。

4. 胶体金法　样品与特异性免疫球蛋白发生反应，利用胶体金标记的免疫球蛋白，经负染后在电镜下观察。由于胶体金的附着，在电镜下很容易观测出是否存在病毒颗粒。此外也可以利用免疫胶体金检测目标蛋白在组织和细胞中的分布。

二、光学显微镜检测技术

针对病理样本、含有脱落细胞及针吸细胞或培养细胞的样本，在光镜下观察细胞内出现的嗜碱性或嗜酸性包涵体、多核巨细胞等，可作为病毒感染的辅助诊断。包涵体多呈圆形或卵圆形，位于细胞质（如狂犬病病毒）、细胞核（如疱疹病毒），或细胞质和细胞核内均有（如麻疹病毒）。例如，取可疑病犬的大脑海马体制成组织切片并染色，在光镜下见到细胞质内嗜酸性内氏小体（Negri body），可诊断为狂犬病；对疑似麻疹患者早期的眼、鼻咽分泌物进行涂片，瑞氏染色镜检，观察到多核巨细胞，诊断阳性率高达 90%。

第三节　病毒的分离培养与鉴定技术

病毒的分离培养与鉴定是病毒学研究、病毒疫苗制备的基本技术，是病毒感染诊断的金标准，但因其过程繁杂，技术条件要求高，需时较长，故不适用于病毒感染的早期快速诊断。

一、病毒的分离培养

（一）动物接种

动物接种是最原始的病毒分离培养方法。其基本程序是将病毒接种于实验动物的组织与器官内，观察病毒引起动物的发病、组织病理学改变和免疫应答情况等。通常实验动物选择同一年龄段、体重范围一致、对接种病毒敏感性高的健康动物。根据病毒种类、实验动物及研究目的不同，选择不同的接种途径，如鼻内、皮内、颅内、皮下、腹腔、静脉、角膜接种等。目前该方法已很少应用于病毒感染的诊断，主要用于病毒学研究。

（二）鸡胚培养

采用受精鸡蛋形成的鸡胚进行分离培养。依据病毒种类选用不同胚龄的鸡胚，接种于不同部位，包括绒毛尿囊膜、尿囊腔、羊膜腔和卵黄囊等，如分离流感病毒，初次分离时接种羊膜腔，传代适应后可移种尿囊腔。鸡胚培养法具有来源广、经济、操作简便、易于管理、病毒繁殖快等优点，但需注意的是很多病毒在鸡胚中不生长，且鸡胚可能被细菌和病毒污染或具有母源抗体等。

（三）细胞培养

病毒的细胞培养是指在一定的条件下，使用离体的活细胞培养病毒的方法。将病毒接种于细胞内，病毒感染细胞并在细胞内增殖后，可观察病毒引起的细胞病变、红细胞吸附现象或代谢变化等。细胞培养是目前应用最广的病毒培养方法。

根据病毒的细胞嗜性，选择适宜的细胞。从细胞来源、染色体特性、传代次数和用途等，可将细胞分为以下三类。

1. 原代细胞（primary cell）　使用无菌操作取得动物、鸡胚或引产人胚的组织，洗净切碎后经胰蛋白酶或其他细胞分散剂消化处理，得到单个细胞悬液，以一定量接种到特定容器中，加入营养液并于合适温度条件下经一段时间的培养后，得到的贴壁且均匀致密的单层细胞称为原代细胞，如人胚肾细胞、猴肾细胞、人胎盘羊膜细胞等。原代细胞对多种病毒的敏感性高，适用于从临床样本中分离病毒，但细胞来源较困难。

2. 二倍体细胞株（diploid cell strain）　二倍体细胞株指在体外分裂 50～100 代后仍保持二倍体染色体数目的细胞，但经多次传代后也会出现细胞老化，以致停止分裂，如来自人胚肺组织建立的 WI-26 株和 WI-38 株。二倍体细胞株常用于病毒分离及疫苗生产。

3. 传代细胞系（continuous cell line）　传代细胞系指能在体外连续传代的细胞，由肿瘤细胞或二倍体细胞突变而来，如 HeLa 细胞、HEp-2 细胞等；对多种病毒的感染性稳定，但不能用肿瘤来源的传代细胞系生产人用疫苗。

二、病毒的鉴定

（一）病毒在培养细胞中增殖的鉴定指标

1. 致细胞病变效应（cytopathic effect，CPE）　部分病毒在敏感细胞内增殖引起的细胞形态学变化，细胞呈现胞内颗粒增多、皱缩、变圆、形成包涵体或多核巨细胞，甚至出现细胞溶解、死亡和脱落等。不同病毒的 CPE 特征不同，如腺病毒可引起细胞圆缩、死亡细胞呈葡萄样聚集并脱落，而副黏病毒、呼吸道合胞病毒等可引起细胞融合，形成多核巨细胞（又称为合胞体）。因此，观察 CPE 特点和所用细胞类型，可初步判定样本中感染的病毒种类。

2. 红细胞吸附（hemadsorption）　有些病毒的血凝素能与人或一些动物（鸡、豚鼠等）的红细胞凝集。这种带有血凝素的病毒感染易感细胞后，血凝素可在细胞表面表达，向该细胞中加入红细胞，可观察到感染细胞表面有红细胞聚集现象，称为红细胞吸附。

3. 细胞代谢改变　病毒感染细胞后可引起细胞的代谢发生改变，导致培养基的 pH 变化。这种培养环境的生化改变也可作为病毒增殖的指征。

（二）血凝试验和血凝抑制试验

将含有血凝素的病毒加到人或一些动物（鸡、豚鼠等）的红细胞悬液中，可导致红细胞发生凝集，称为血凝试验（hemagglutination test，HAT）。血凝试验阳性可作为病毒增殖的指标。若将病毒悬液做不同稀释，以引起一定程度红细胞凝集的病毒的最高稀释度作为血凝效价，可对病毒含量进行半定量检测。该红细胞凝集现象可被相应病毒的血凝素抗体或抗病毒血清抑制，即血凝抑制试验（hemagglutination inhibition test，HIT）。其原理是当血凝素抗体与病毒表面的血凝素结合后，阻止了血凝素与红细胞表面受体结合，从而抑制红细胞凝集现象的产生。用已知病毒的抗血清，可鉴定病毒种类、型及亚型，如鉴定流感病毒和乙型脑炎病毒等；用已知病毒，可测定患者血清中有无相应抗体，并能检测血清中抗体的效价，如检测流感病毒的血凝抑制抗体可辅助流感的诊断。

（三）中和试验

中和试验（neutralization test）是用已知的中和抗体或抗病毒血清先与待测病毒悬液混合，在室温下作用一定时间后接种敏感细胞，经培养后观察 CPE 或红细胞吸附现象是否消失，即病毒能否被特异性抗体中和而失去对敏感细胞的感染性。中和试验既可作为病毒增殖的指标，用于鉴定病毒种类，还可以测定中和抗体水平。

（四）其他病毒鉴定方法

其他病毒鉴定方法包括病毒形态学检查，如病毒悬液经高度浓缩和纯化后，用电子显微镜直接观察病毒的形态和大小；对不能导致明显细胞病变的病毒，利用其特异性抗体进行免疫荧光或免疫酶染色，检测细胞内的病毒抗原，或采用分子诊断技术检测病毒核酸。

三、病毒的定量测定

病毒的定量测定包括病毒载量（viral load）和病毒滴度（viral titer）测定。病毒载量是指单位体积内含有的病毒的物理颗粒数量。病毒滴度是指单位体积内具有感染性的病毒数量。病毒感染后细胞形态和特性发生改变，可利用这些改变测定病毒滴度，如病毒噬斑形成试验（plaque forming test，PFT）、半数组织细胞感染量（50% tissue culture infectious dose，$TCID_{50}$）测定、病毒诱导细胞转化分析等，也可利用免疫学技术或分子生物学技术等对病毒载量或病毒滴度进行定量测定。

（一）噬斑形成试验

将一定体积的适当稀释度的待检病毒液接种于敏感细胞单层，经一定时间培养后，覆盖一层琼脂在细胞上，待其凝固后继续培养，由于病毒的增殖使局部被感染的单层细胞病变，形成局部病灶。用活性染料，如中性红、结晶紫等对细胞进行染色，由于活细胞可以被上述染料着色，而局部病灶的细胞不被着色，因而可以形成肉眼可见的噬斑（plaque）。一个噬斑通常是由一个病毒感染并增殖形成的，称为一个噬斑形成单位（plaque forming unit，PFU）。计数单位体积内的噬斑数，可计算出待检病毒液中活病毒的数量，通常以 PFU/mL 表示。PFT 既是测量病毒滴度的经典方法，也是制备病毒纯种的方法。

（二）半数组织细胞感染量测定

$TCID_{50}$ 是指能在培养板孔或试管内引起半数细胞病变或死亡所需的病毒量，用以表征病毒的滴度。待测病毒液做 10 倍系列稀释，分别接种并感染敏感细胞单层，经培养后观察 CPE，以能感染 50%细胞的病毒液最高稀释度为判定终点，经统计学处理计算 $TCID_{50}$。$TCID_{50}$ 是综合判断病毒的感染性、毒力和数量的经典方法。

第四节 病毒的分子检测技术

分子生物学技术是通过检测病毒特异性分子来检测病毒，主要包括检测病毒核酸分子、特异性蛋白质分子等，具有灵敏度高、特异性强、操作简便快速、可用于大量样本检测等优点，目前被广泛应用于病毒的鉴定与研究，为病毒性疾病的临床诊断、治疗与预防提供依据。

一、核酸分子检测

核酸分子检测是在体外检测样本中病毒 DNA 或 RNA 分子的特异性片段的方法。目前主要包括以核酸扩增和核酸杂交为基础的两大类技术。

（一）核酸扩增技术

核酸扩增技术主要指以聚合酶链反应（PCR）为基础而衍生出的各种技术。PCR 技术是根据所设计的引物对样品 DNA 进行扩增，通过对其产物进行琼脂糖凝胶电泳，观察有无特异性目的片段条带出现，以此来检测样品中是否含有病原体的 DNA，广泛用于病毒的诊断和检测。随着生物医学的不断发展，PCR 技术也衍化出了多种不同的扩增技术。

1. 逆转录 PCR（reverse transcription PCR，RT-PCR） RT-PCR 的基本原理为首先经逆转录酶的作用，从 RNA 合成 cDNA，再以 cDNA 为模板，在 DNA 聚合酶作用下扩增目的基因片段，用于 RNA 病毒的检测。

2. 巢式 PCR（nested PCR） 采用两对引物进行 PCR 扩增。在第一轮扩增中，使用一对外引物产生扩增产物，然后用一对内引物对第一轮扩增产物进行第二轮扩增。巢式 PCR 应用两对引物进行扩增大大提高了检测的特异性和灵敏度，解决了样本中病毒量低的问题。

3. 多重 PCR（multiplex PCR） 在一次 PCR 反应中加入特殊设计的多对引物，特异性扩增多个基因位点，以确定感染病毒类型。该法可以同时检测多种病毒或区分病毒的型或株，但需注意引物设计要合理，各种引物的比例需搭配适宜，以保障良好的扩增效果。

4. 环介导等温扩增（loop-mediated isothermal amplification，LAMP） 与 PCR 相比，LAMP 不需要高精度的温度控制和特异性引物，其原理是针对目的基因的 6 个区段设计 4 条特异性引物，利用一种具有链置换活性的 DNA 聚合酶，在 65℃ 左右对核酸进行等温扩增，可通过反应副产物白色焦磷酸镁沉淀的产生判断靶基因的存在。LAMP 具有快速、敏感性和特异性高等优点，在病毒检测方面具有广泛的应用。

5. 实时荧光定量 PCR（real-time fluorescence quantitative PCR） 该技术是 PCR 扩增系统和荧光检测系统的结合，存在于反应体系中的标记染料插入核酸双链中并受激发光激发，模板 DNA 的扩增量在 PCR 扩增的过程中可以被检测，对未知模板的定量分析则通过之后的标准曲线来完成，又称实时定量 PCR，或直接称 qPCR。qPCR 检测病毒 DNA，RT-qPCR 检测病毒 RNA。该方法提高了检测灵敏度，避免了假阳性的出现，同时还可以进行定量检测，近年来在病毒定量检测中得到广泛应用。此外，在常规 qPCR 的基础上发展出了多重荧光 PCR。多重荧光 PCR 原理与常规 qPCR 基本相同，只是在荧光 PCR 的基础上加入了多重 PCR 技术，从而可以在单一管中检测多种病原体或者病原体不同的血清型，因此多重荧光 PCR 既具有实时荧光 PCR 的快速简便、定量的特点，又有多重 PCR 的高效性、系统性和经济的特点。

6. 数字 PCR（digital PCR，dPCR） dPCR 是结合了第一代传统 PCR 简单操作和第二代实时荧光 PCR 准确定量的特征发展而来的第三代 PCR 技术。同传统 PCR 相比，dPCR 增加了对反应体系进行分隔的操作，将几十微升的反应体系分隔成数万微小独立反应体系，核酸模板在分隔过程中被充分稀释，理想状态为每个微滴中含有 1 个分子核酸模板，扩增完成后对所有液滴进行荧光信号识别并计数，以此计算靶标分子的浓度。其优点是：①不需要标准品，不依赖扩增阈值和标准曲线，dPCR 可以绝对定量核酸分子；②dPCR 使用终点荧光分析的方式，较少受到样品中扩增抑制剂的影响；③dPCR 可更精确地量化靶标分子，在检测低浓度病毒载量方面更为灵敏，同时在检测少量样品和样品核酸存在降解时具有明显的优势。

7. 高通量测序（high-throughput sequencing） 高通量测序又称下一代测序技术（next-generation sequencing technology），是一次能对几十万到几百万条核酸分子进行序列测定的技术。该技术通过将 DNA 随机片段化，加接头，制备测序文库，对文库中数以万计的克隆进行延伸反应，检测对应的信号，最终获取序列信息。高通量测序技术不仅加快了测序的速度，对于临床样本中的病毒，尤其是未知病毒的检测具有重要意义，被广泛应用于病毒全基因组测序、宏基因组测序等。

拓展阅读

8. 染色质免疫沉淀（chromatin immunoprecipitation，ChIP） ChIP 是目前研究 DNA 与蛋白质相互作用的一种方法。它的基本原理是在活细胞状态下固定蛋白质-DNA 复合物，并将其随机切断为一定长度范围的染色质小片段，然后通过免疫学方法沉淀此复合体，特异性地富集目的蛋白结合的 DNA 片段，通过对目的片段的纯化与检测，从而获得蛋白质与 DNA 相互作用的信息。

（二）核酸杂交技术

核酸杂交技术是对病毒基因组或部分基因进行检测和鉴定的方法，具备灵敏度高、特异性强、实用性佳等优点。

1. 斑点杂交（dot blot hybridization） 将待测的病毒核酸直接点到硝酸纤维素膜上，随后利用已标记的探针进行杂交检测。RNA 病毒、DNA 病毒和类病毒的检测均可采用斑点杂交技术，具有很高的灵敏度和特异性。

2. 原位杂交（*in situ* hybridization） 原位杂交是核酸杂交结合细胞学技术的一种特殊检测方法。在病理切片上，用细胞原位释放的 DNA 或 RNA 与标记的特异核酸探针进行杂交，通过显色技术可直接观察待测核酸在细胞内的分布状态和与细胞染色体的关系等。

3. Southern 杂交和 Northern 杂交 这两种技术是分别对 DNA 和 RNA 进行检测的膜印迹技术。提取样本中的病毒 DNA 或 RNA，用限制性内切核酸酶切割后经琼脂糖电泳形成不同大小的核酸条带，然后再将琼脂糖凝胶中的核酸条带电转移至硝酸纤维素膜上，与已知病毒的标记探针序列进行杂交，通过放射性自显影或化学发光手段，将目的条带呈现出来。这两种技术可以检测病毒 DNA 或 RNA 中的特异序列。

4. 基因芯片（gene chip） 基因芯片又称 DNA 微阵列（DNA microarray），是一种将已知核酸探针或 cDNA 片段序列固定到小型固体载体上（如尼龙膜、硝酸纤维素膜、玻璃等），使之与标记的样品进行杂交，通过检测杂交信号的强度及分布进行结果分析，从而识别样品中存在的特异性核酸序列。基因芯片技术具有高通量、集成化和微型化、高灵敏性和准确性、快速简便等优势，不仅可高通量检测病毒，而且可确定病毒的基因型别。

二、蛋白质分子检测

体外检测样本中病毒的特异性蛋白质或多肽分子的方法主要包括以下四种。

1. SDS-聚丙烯酰胺凝胶电泳（SDS-PAGE） SDS-PAGE 是一种可以根据蛋白质的分子质量分离样本中蛋白质的技术。其原理是：PAGE 根据不同蛋白质分子所带电荷和分子大小的差异产生的不同迁移率将蛋白质分离成若干条带，而 SDS 作为一种阴离子表面活性剂，能打断蛋白质的氢键和疏水键，并按一定比例和蛋白质分子结合形成密度相同的短棒状复合物，从而使不同分子质量的蛋白质形成的复合物在电泳时的迁移率不再受原有电荷和分子形状的影响，最终达到蛋白质仅根据分子质量大小而分离的目的。

2. 免疫印迹（Western blot） 将蛋白质样品通过 SDS-PAGE 进行单向或双向电泳分离后，取固定化基质膜与凝胶相贴，随后在基质膜的自然吸附力、电场力或其他外力作用下，使凝胶中的单一抗原组分转移到基质膜上，然后应用免疫酶探针等，对抗原固定化基质膜进行检测和分析。由于免疫印迹具有 SDS-PAGE 的高分辨力和固相免疫测定的高特异性和敏感性，现已成为蛋白质分析的一种常用技术，可用于鉴定病毒蛋白，并能对病毒蛋白进行定性和半定量分析。结合化学发光检测，可以同时比较多个样品同种蛋白质的表达量差异，亦可用已知病毒抗原检测相应抗体。

3. 蛋白质芯片（protein chip） 蛋白质芯片是一种高通量的蛋白质功能分析技术，可用于蛋白质表达谱分析，研究蛋白质与蛋白质的相互作用，甚至 DNA 与蛋白质、RNA 与蛋白质的相互作用，以及筛选药物作用的蛋白质靶点等。其原理是：对固相载体进行特殊的化学处理，再将已知的蛋白质分子（抗原、抗体、受体、配体等）固定其上，根据这些生物分子的特性，捕获能与之特异性结合的待测蛋白，经洗涤、纯化后再进行确认和生化分析。例如，用蛋白质芯片可检测 HBsAg、HBeAg、HBeAb 等。

4. 蛋白质测序（protein sequencing） 蛋白质测序指确定蛋白质的氨基酸序列的方法。目前常用的方法主要是质谱法和测序法。质谱法是一种基于质荷比的测序技术，包括质谱仪器和质谱数据分析两个步骤。质谱仪器可以将蛋白质分子转化为离子，并通过质谱分析得到离子的质荷比。质谱数据分析则利用计算方法将离子质谱图转化为蛋白质的氨基酸序列。测序法是一种直接测定蛋白质氨基酸序列的技术，包括 Sanger 测序和高通量测序。Sanger 测序是一种经典的测序技术，通过 DNA 合成反应逐个测定蛋白质的氨基酸序列。高通量测序则利用并行测序技术，可以同时测定多个蛋白质的序列。蛋白质序列测定技术可以用于了解病毒蛋白质的结构、功能和相互作用，从而推动药物研发、病毒学诊断和治疗等领域的发展。

第五节 病毒的免疫学检测技术

免疫学检测技术是通过检测病毒特异性或相关的抗原、抗体及其他相应免疫应答产物来检测病毒，其主要原理是以抗体与其抗原的专一性识别与结合为基础，利用抗体与抗原产生的沉淀反应、凝集反应及免疫标记的抗体与抗原反应等对目标病毒感染做出快速有效的检测。该技术被广泛应用于病毒感染的诊断、鉴定与研究中。

一、免疫荧光技术

免疫荧光技术（immunofluorescence method）是指用荧光素对抗体或抗原进行标记，然后用荧光（共聚焦）显微镜观察所标记的荧光，以示踪或检测相应的抗原或抗体的方法。用已知的荧光抗体示踪或检测相应抗原的方法称荧光抗体法，用已知的荧光抗原示踪或检测相应抗体的方法称荧光抗原法。荧光素直接标记特异抗体称为直接荧光染色法，荧光素标记二抗则称为间接荧光染色法。直接荧光染色法操作简单，特异性高，多用于未知抗原鉴定。间接荧光染色法特异性更强，敏感性更高，适合用于未知抗原和抗体的检测。

二、酶联免疫技术

酶联免疫技术（enzyme-linked immunoassay，EIA）是以酶标记抗体或抗原，与相应的抗原或抗体作用后，通过底物的颜色反应来定性或定量样本中的抗原或抗体的技术。酶联免疫吸附试验（enzyme linked immunosorbent assay，ELISA）是最常用的酶联免疫技术。例如，用双抗体夹心法检测病毒抗原，其原理是将一定量的包被抗体吸附于固相基质表面，然后与含有抗原的待测样品反应，再通过加入酶标记的特异性抗体和相应底物，酶催化底物显色，颜色的深浅与待测物的浓度呈正相关。该技术用于检测乙型肝炎病毒的表面抗原和 e 抗原、丙型肝炎病毒核心抗原和人类免疫缺陷病毒 p24 抗原等。间接法、捕获法和竞争法均可用于检测病毒抗体。近年来，用合成多肽或重组抗原代替病毒裂解物，以及检测方法的改进使得该技术能够更加敏感、特异、快速地检测病毒抗体。例如，用 ELISA 检测人类免疫缺陷病毒抗体，可用于病毒感染者的筛查。

三、放射免疫测定技术

放射免疫测定（radioimmunoassay，RIA）可标记已知抗体检测抗原，亦可标记已知抗原检测抗体。在检测抗原时，应用放射性核素标记的抗体与相应抗原反应，然后通过测定抗原-抗体结合物的放射活性判断结果。本方法可进行超微量分析，敏感性高。常用的同位素有 ^{125}I 和 ^{131}I。由于放射性核素可引起放射性污染，故该技术的使用逐渐减少，并被非放射性标记物（如地高辛等）所代替。

四、免疫印迹技术

将病毒蛋白经 SDS-PAGE 分离，转移至硝酸纤维素膜或尼龙膜上，与含特异性抗体的血清样本反应，再与辣根过氧化物酶或碱性磷酸酶标记的抗体作用，采用酶的相应底物进行显色或化学发光，即可检测血清样本中的特异性抗体。用免疫印迹法检测人类免疫缺陷病毒感染者血清中的 p24、gp41、gp120 或 gp160 抗体，可作为人类免疫缺陷病毒感染的确诊依据。

五、免疫层析技术

免疫层析（immunochromatography）为一种即刻检测的诊断技术。一次性试验条的一端浸渍颜色指示剂标记的病毒特异性抗体，捕获抗体固定于检测区。样本中的病毒抗原与特异性抗体结合，通过毛细管作用迁移至检测区，被捕获抗体固化而呈色。未结合的标记颜色指示剂的特异性抗体继续前移，被其捕获抗体固化而呈色为阳性对照带，出现 2 条色带为阳性结果，表明样本中存在病毒抗原。其中，胶体金免疫层析技术发展最为成熟，临床使用广泛，可用于检测甲型流感病毒、冠状病毒和轮状病毒等。

思考题

1. 进行病毒分离培养时对临床样本的采集和送检有何要求？
2. 分离培养病毒的方法有哪些？如何判断培养细胞内是否有病毒增殖？
3. 简述电子显微镜技术和光学显微镜技术在病毒性疾病诊断中的意义。
4. 通过检测病毒核酸来诊断病毒感染有何优点？
5. 常用于体外检测样本中病毒特异性蛋白质或多肽分子的方法有哪些？

（陈利玉　谭宇蓉）

第二篇 医学病毒学实验案例

第三章　病毒的消毒方法

本章要点

1. 以表达绿色荧光的重组复制缺陷型腺病毒作为指示病毒，阐述病毒消毒效果的评价方法。
2. 叙述携带报告基因的重组复制缺陷型腺病毒的构建原理及方法。

本章课件

消毒（disinfection）是切断病原体传播途径，防控感染性疾病流行扩散的重要手段之一。各类消毒方法和消毒产品杀灭不同病原体的效果可能存在差异，需要进行正确、科学的评价。目前，对于各类消毒方法和消毒剂对病毒杀灭效果的评价尚无国际公认的标准检验方法。因此，研究开发科学、特异和安全的消毒效果评价指示病毒具有重要意义。

本实验以基因工程制备的带有报告基因的重组复制缺陷型腺病毒为实验测试对象，比较不同消毒方法对病毒的消毒效果。

第一节　携带报告基因的重组复制缺陷型腺病毒的构建

一、重组腺病毒载体特征

（一）腺病毒结构、基因组及功能

腺病毒（adenovirus）为无包膜的线性双链 DNA 病毒，衣壳呈二十面体立体对称，由 252 个壳粒组成，其中 240 个壳粒是六邻体（hexon），位于二十面体顶端的 12 个壳粒组成五邻体（penton）。衣壳表面伸出的 12 根纤毛（fiber）和纤毛顶端形成的球状突起（knob）可与细胞表面的受体结合，在病毒感染细胞过程中发挥非常重要的作用。腺病毒基因组长约 36kb，编码数十个腺病毒的结构和功能蛋白，包括 DNA 复制前期的早期表达蛋白 E1～E4（由 *E1a*、*E1b*、*E2a*、*E2b*、*E3*、*E4* 早期转录单元编码）和 DNA 复制后期的晚期表达蛋白 L1～L5（由 *L1*～*L5* 晚期转录单元编码），在基因组的任一端都是末端反向重复序列（inverted terminal repeat，ITR）（图 3-1）。早期表达的 E1 蛋白是腺病毒基因组复制、病毒包

装和其他蛋白质表达翻译所必需的，对细胞毒性较强；E2 蛋白负责病毒 DNA 复制；E3 蛋白对抗宿主的抗病毒免疫；E4 蛋白调节晚期基因转录，关闭宿主细胞基因的表达。晚期表达蛋白主要负责编码病毒的功能蛋白和结构蛋白。目前发现的腺病毒血清型至少有 50 种以上，大多数腺病毒载体以缺失 *E1* 和 *E3* 早期转录单元的 5 型（Ad5）为基础，基于 Ad5 的载体使用柯萨奇病毒-腺病毒受体（coxsackievirus and adenovirus receptor，CAR）进入细胞。当 E1 和 E3 区缺失时，腺病毒进入细胞后基因复制和蛋白质表达会受到影响，无法产生子代病毒。293 细胞系是原代人胚肾细胞转染 5 型腺病毒（Ad5）DNA 的永生化细胞，表达腺病毒 E1 蛋白，利用此细胞系包装腺病毒，可产生较高滴度的感染性腺病毒颗粒。因此，复制缺陷型腺病毒载体具有较高的安全性。

图 3-1　腺病毒基因组结构示意图

腺病毒耐酸、脂溶剂的能力较强；56℃，30min 可以被灭活；能够感染人类和其他哺乳动物细胞，可引起急性呼吸道感染、胃肠炎、角膜炎等疾病。

（二）重组腺病毒载体的分类特征及优势分析

拓展阅读

重组腺病毒载体（recombinant adenovirus vector）是通过对天然存在的腺病毒进行改造，以传递特定的基因或基因产物，是目前常用的基因传递工具和表达载体之一，由于其较高的基因容量和稳定的基因组特性，重组腺病毒载体被广泛应用于基因治疗和疫苗开发等领域。

1. 重组腺病毒载体分类　按病毒载体基因组缺失分为第一代、第二代和第三代腺病毒载体。

（1）第一代腺病毒载体　这类载体只缺失 *E1* 和 *E3* 基因，很大程度上降低了病毒复制能力，可以插入长约 8kb 的外源 DNA 片段。包装病毒产率和滴度都比较高。但由于保留了大部分病毒基因，导致免疫原性高，存在一定的细胞毒性，且包装容量小，转导基因在体内表达时间短。这类载体是目前常用的腺病毒载体。

（2）第二代腺病毒载体　这类载体在第一代基础上缺失 *E2a* 和 *E4* 基因，降低了腺病毒载体的免疫原性且安全性更高。这一代病毒载体增加了载体容量（可达 11kb），但包装难度大，表达时间更长，包装病毒产率和滴度也随之下降。

（3）第三代腺病毒载体　这类载体在构建时缺失了全部的病毒基因，仅保留了必要的顺式作用元件（即 ITR 和邻近的包装信号序列），即空壳病毒，其安全性高，免疫原性低。包装过程需要腺病毒突变体作为辅助病毒参与包装。第三代载体容量更大，可插入 32kb 的外源 DNA，且滴度高，延长了外源基因的表达时间。

2. 重组腺病毒载体的优势　重组腺病毒载体宿主范围广，在大多数哺乳动物细胞和组织中均可用来表达重组蛋白。重组腺病毒载体可在增殖和非增殖细胞中感染和表达基因，是研究原代非增殖细胞基因表达的最佳系统（除了一些抗腺病毒感染的淋巴瘤细胞）。重组腺病毒载体可进行有效增殖，滴度高，可达 10^{10}～10^{11}PFU/mL，浓缩后可达 10^{13}PFU/mL，适用于基因治疗。腺病毒以人类细胞作为宿主，适用于人类蛋白的准确翻译后加工和适当的折叠。大多数人类蛋白都可达到高水平表达并且具有完全的功能。腺病毒载体不整合到宿主细胞染色体中，无插入致突变性。病毒能在悬浮培养液中大量扩增，可以在同一细胞株或组织中用来设计表达多个基因。

二、重组腺病毒构建

（一）构建原理

1. 重组腺病毒载体的基本组成 重组腺病毒载体通常使用缺失 *E1* 和 *E3* 早期转录单元的 2 型（Ad2）、5 型（Ad5）和 55 型（Ad55）腺病毒作为基础，一般由腺病毒基因组质粒和穿梭质粒构成，通过同源重组的方式包装为成熟的病毒颗粒。

（1）穿梭质粒 包括 pShuttle、pShuttle-CMV、pAdTrack、pAdTrack-CMV 等。含有腺病毒左侧的反向末端重复序列（LITR）、腺病毒包装信号（ψ）等顺式作用元件和腺病毒基因组的左端一段序列。穿梭质粒上通常含有一个或多个基因插入位点，用于插入外源基因或治疗相关基因，这些位点通常是通过删除腺病毒基因组中的非必需基因而获得的；为了方便筛选和鉴定转染细胞，穿梭载体通常还含有一个选择标记基因，如抗生素耐药（如 Amp^R 或 Kan^R）基因，或荧光（如绿色荧光）蛋白基因。图 3-2 为 pShuttle-CMV 的序列图谱，该质粒为低拷贝质粒，在大肠埃希菌 DH5α 中复制，携带卡那霉素抗性（Kan^R）基因，37℃ 复制增殖。

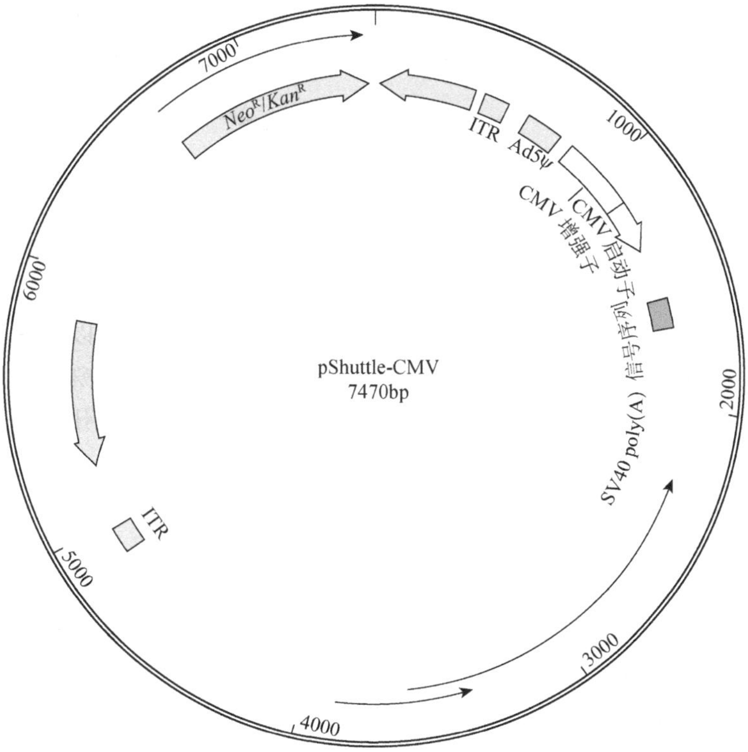

图 3-2 pShuttle-CMV 图谱（序列来源 https://www.addgene.org/16403/）

（2）腺病毒基因组质粒　pAdEasy 是一种约 33kb 的腺病毒质粒，包括 pAdEasy-1（图 3-3）和 pAdEasy-2，含有病毒产生所需的腺病毒基因，与穿梭质粒的 3′端有重叠。

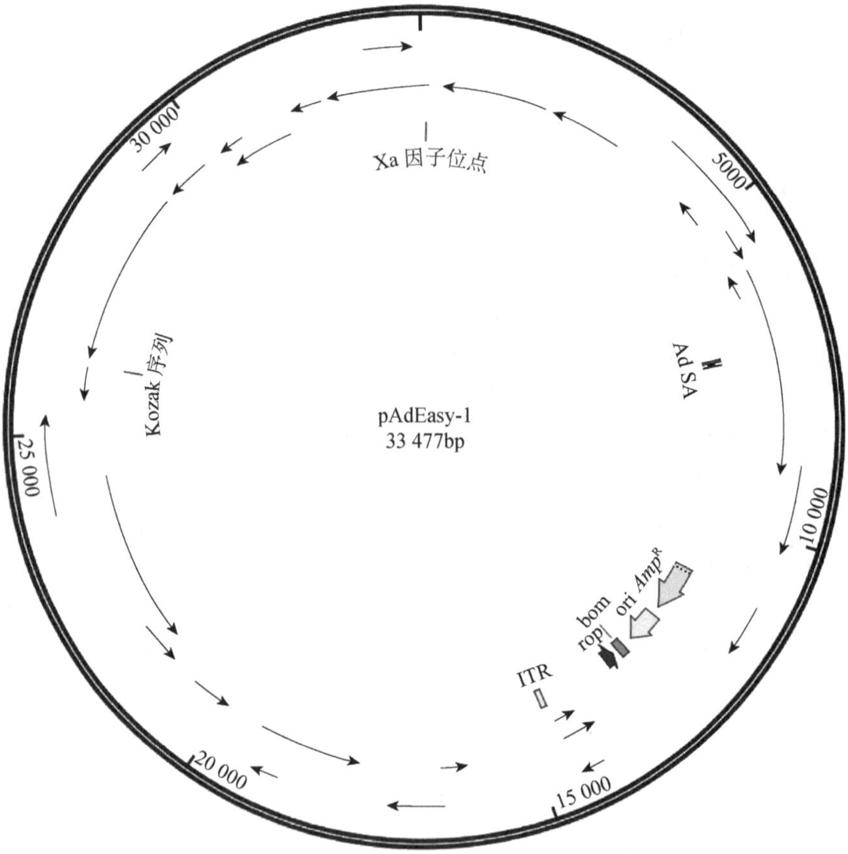

图 3-3　pAdEasy-1 图谱（序列来源：https://www.addgene.org/16400/）

2. 腺病毒载体的重组方式　构建重组腺病毒的传统方法以同源重组为基础。目前构建重组腺病毒的同源重组系统主要有三种：①以 AdMax 系统为代表的在 293 细胞内重组的细胞内同源重组策略；②通过 Cre-loxP 系统构建重组腺病毒载体；③以 AdEasy 系统为代表在细菌中重组的策略，将穿梭载体与腺病毒基因组质粒转化一种特殊的大肠埃希菌株 BJ 5183，然后从细菌中收集重组腺病毒。下面以 AdEasy 系统为例介绍腺病毒载体构建原理（图 3-4）。

1）将目的基因（target gene，TG）克隆到穿梭载体中，如 pShuttle-CMV；验证并用限制性内切核酸酶 *Pme* Ⅰ 酶切使重组 pShuttle-CMV 线性化。

2）转化大肠埃希菌 BJ5183，该细菌具有腺病毒骨架质粒 pAdEasy-1。

3）在 BJ 5183 细菌中发生同源重组，形成 pAd-TG。针对卡那霉素抗性选择重组体，并通过限制性内切核酸酶确认重组质粒。

4）用限制性内切核酸酶 *Pac* Ⅰ 酶切使重组 pAd-TG 线性化。

5）将线性化重组质粒转染到腺病毒包装细胞系 AD-293 细胞中。重组腺病毒通常在

7～12d 内产生。

腺病毒骨架 pAdEasy-1 适用于大多数目的基因。对于特别长的目的基因，可选用 pAdEasy-2。pAdEasy-2 不包含病毒基因 *E4*，增加了 2.7kb 的包装空间。但是 pAdEasy-2 的重组质粒必须转染到 911E4 细胞中以产生病毒，该细胞不含 *E4* 基因。

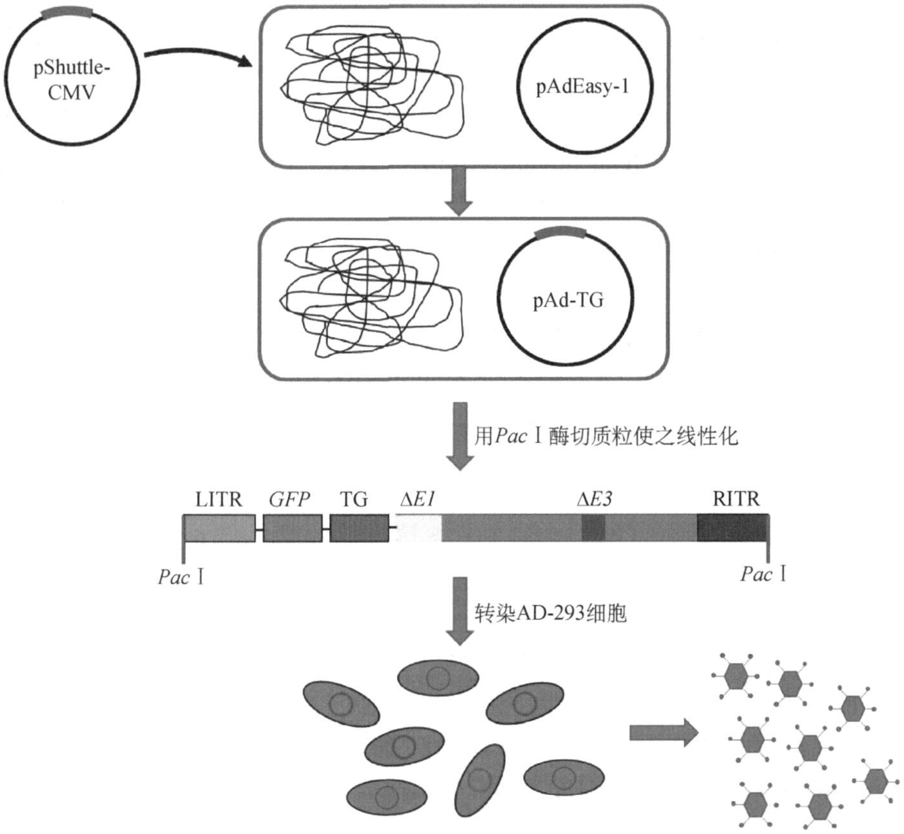

图 3-4　腺病毒载体构建技术路线图

（二）携带报告基因的重组腺病毒的构建

1. 实验目的　构建含绿色荧光蛋白（green fluorescent protein，GFP）报告基因的重组腺病毒，为深入利用重组腺病毒开展基因治疗、基因疫苗研究、消毒效果评价等提供重要工具。

2. 实验用品

（1）实验器材　电泳仪、电转仪、恒温摇床、细菌培养箱、分光光度计、低温高速离心机、−20℃ 冰箱、−80℃ 低温冰箱、接种针、接种环、恒温水浴锅、生物安全柜、紫外灭菌仪、凝胶成像仪、倒置显微镜、倒置荧光显微镜、CO_2 培养箱、不同规格（1mL、200μL、10μL、2μL）移液器、Eppendorf 管（Ep 管）、不同规格移液器吸头、电转杯、细菌培养管、冻存管、25cm^2 培养瓶、75cm^2 细胞培养瓶、96 孔板、液氮罐、细胞刮、离心管、实验服、护目镜、口罩、乳胶手套等。

（2）载体、细胞及菌株　pShuttle-IRES-hrGFP、BJ5183 感受态细胞（含 pAdEasy-1）、DH5α 感受态细胞、AD-293 细胞。

（3）实验试剂　*Pme* Ⅰ、琼脂糖、DNA 琼脂糖凝胶回收试剂盒、LB 培养基（胰蛋白胨 10g/L、酵母提取物 5g/L、氯化钠 10g/L，用 NaOH 调节 pH 至 7.4，121℃ 高压灭菌 20min）、含卡那霉素（50μg/mL）选择性 LB 琼脂平板培养基（在上述 LB 培养基中加入 15g/L 琼脂粉，121℃ 高压灭菌 20min，待冷却至 50～60℃ 时，加入 50μg/mL 卡那霉素，倒制平板）、无内毒素质粒提取试剂盒、*Pac* Ⅰ、0.01mol/L 磷酸盐缓冲液（PBS，NaCl 8.0g/L、KCl 0.2g/L、Na_2HPO_4 1.44g/L、KH_2PO_4 0.24g/L，用 HCl 调节溶液 pH 至 7.4，121℃ 高压灭菌 20min）、DMEM 培养基、胎牛血清（fetal bovine serum，FBS）、100×青霉素-链霉素双抗混合液（100×PS）、完全培养基（10% FBS+DMEM 培养基）、Lipofectamine 2000 转染试剂、无血清培养基、双蒸水（ddH_2O）等。

3. 实验方法

（1）基于 AdEasy 系统构建重组腺病毒

1）酶切及胶回收：将携带 *GFP* 基因的 pShuttle-IRES-hrGFP 用 *Pme* Ⅰ 酶切，体系如下。

试剂	用量
pShuttle-IRES-hrGFP	1μg
Pme Ⅰ	0.5μL
10×buffer	5μL
ddH_2O	至总体积 20μL

将上述酶切体系 37℃ 孵育 6h 后，产物进行琼脂糖凝胶电泳，用胶回收试剂盒回收。

2）将线性化后的载体 DNA 转化到 BJ5183 感受态细胞：分别将 15μL 线性化后的 pShuttle-IRES-hrGFP 和 200μL BJ5183 感受态细胞（含 pAdEasy-1）置于冰浴预冷 10min，混匀后转移至预冷的电转杯（1/2mm）中，置于电转仪中进行电转，电转参数为电压 2kV、电容 25μF、电阻 22Ω。电转结束后，加入 1mL LB 液体培养基，吸出培养液至细菌培养管，置 37℃ 恒温摇床，150r/min 振荡培养 1h，5000r/min 离心 5min，弃掉大部分上清液，留约 100μL 液体，悬起细菌沉淀，吸取 50μL，涂布在含卡那霉素选择性 LB 琼脂平板培养基上，正置放入 37℃ 细菌培养箱中至菌液吸干，倒置培养 20 h 左右。挑选在卡那霉素 LB 琼脂平板上的阳性克隆，选用质粒提取试剂盒提取经过同源重组得到的重组复制缺陷型腺病毒质粒，琼脂糖凝胶电泳验证。

3）重组质粒转化 DH5α 感受态细胞：从−80℃ 冰箱中取出 DH5α 感受态细胞，冰浴融化。取 5μL 验证后的重组质粒混入 50μL DH5α 感受态细胞中，冰浴 30min。使用浮漂将 Ep 管置于 42℃ 恒温水浴锅中热激 60s，取出后立即冰浴 3～5min。转移至生物安全柜，加入 500μL 无抗 LB 培养基，置摇床 37℃，150r/min 振荡培养 1h，取出后 4000r/min 离心 2min。去部分上清液，剩余约 100μL，吹打混匀后吸取 50μL 均匀涂布于卡那霉素选择性 LB 琼脂平板。37℃ 过夜培养。挑选阳性克隆提取高浓度和纯度、无内毒素的重组质粒。

4）重组腺病毒载体线性化及回收：将提取的重组腺病毒载体用 *Pac* Ⅰ 酶切线性化，酶切及胶回收体系同 1）。琼脂糖凝胶电泳验证后，胶回收酶切重组腺病毒线性化质粒，选用分光光度计测定 DNA 含量与纯度。

（2）重组腺病毒包装与扩增

1）细胞复苏与传代：从液氮中取出 AD-293 细胞，迅速置于 37℃ 水浴，快速摇晃至完全融化。解冻后向冻存管中缓慢滴加 1mL 含 1% PS 的 DMEM 完全培养基，轻轻晃动。移入离心管，1000r/min 离心 5min。弃上清液，加入 5mL 完全培养基重悬细胞后移入 $25cm^2$ 培养瓶，放入恒温 CO_2 培养箱中培养。

转染前 24h，接种 2×10^6 个 AD-293 细胞于 $25cm^2$ 培养瓶的完全培养基中，培养 16～18h 后，倒置显微镜观察，使细胞生长密度达到 50%～70%，也可以使用 6 孔或 96 孔板。

2）包装重组腺病毒：以 Lipofectamine 为例。AD-293 细胞生长到 80%左右，更换 5mL 新鲜培养基，放回培养箱中备用。取 2 个无菌 1.5mL 离心管，分别加入无血清培养基各 500μL，一离心管中加入 4μg *Pac* Ⅰ 线性化载体（Mix1），另一离心管中加入 8μL Lipofectamine 2000（Mix2），将 Mix1 和 Mix2 混合，轻轻吹打混匀，室温静置 15～20min。从培养箱中取出培养细胞，将混合物滴加入细胞中，轻轻摇晃混匀，放回培养箱培养 6～8h 后，更换含 5% FBS 的新鲜培养基，培养 24h 后用倒置荧光显微镜观察 GFP 表达情况，然后继续放置 7～14d，每 2～3d 换液 1 次，直至观察到病毒噬斑，且细胞出现肿胀、变圆，部分脱壁漂浮的致细胞病变效应（CPE）。可通过观察 GFP 的表达和 CPE 情况判断载体转染效率和病毒产量。收获病变细胞，反复冻融 3 次，2000r/min 离心 2min 去除细胞残渣，收获上清液过滤后−80℃冻存。

3）重组腺病毒扩增：在 $75cm^2$ 细胞培养瓶中接种 AD-293 细胞，培养至密度达到 90%，加入适量病毒上清液感染细胞，吸附 2h 后换含 2% FBS 的 DMEM 培养基维持液维持培养。8～10d 后，出现 CPE 时收集所有细胞，可将细胞用细胞刮刮下（不用胰酶消化），800r/min 离心 10min，去除细胞残渣。将细胞收集在冻存管中，于液氮中和 37℃ 反复冻融 5 次，12 000r/min 离心 5min，收集上清液（病毒原液），用于后续细胞感染或于−80℃ 保存。

4）重组腺病毒滴度测定：96 孔板中接种 100μL AD-293 细胞，每孔细胞数约 10^4 个，以含 2% FBS 的 DMEM 培养基培养，将收获的部分重组腺病毒 10 倍系列稀释接种到已长成单层细胞的 AD-293 细胞中，每孔加入 100μL 病毒稀释液，置于 CO_2 培养箱内继续培养 24～48h，选用荧光显微镜对荧光细胞进行计数，每孔计数 3 个视野，每滴度计数 4 个复孔。每视野荧光细胞数 10～50 个。测得病毒滴度以每毫升绿色荧光形成单位（gfu/mL）表示，计算公式如下：

病毒滴度=（单视野下荧光计数×镜下视野数）/（稀释倍数×病毒液量）

【小贴士】腺病毒包装安全注意事项

1）进行腺病毒包装相关实验时，务必在 2 级以上生物安全柜内操作，工作人员须穿好实验服，佩戴护目镜、口罩和手套，皮肤不要裸露在外。

2）若操作时在生物安全柜内有病毒液体溅出或洒出，应立即用 70%乙醇加 1% SDS 溶液擦拭干净。

3）腺病毒包装相关实验中使用过的移液器吸头、细胞培养皿、Ep 管和废弃物等用 84

消毒液消毒和高温灭菌后，再进行统一处理。

4）腺病毒包装相关实验完毕后，脱去实验服、护目镜、口罩和手套等防护用品，并仔细用洗手液和流水清洗双手。

思考题

试述重组腺病毒构建的原理、方法及注意事项。

第二节 比较不同消毒方法对重组腺病毒的消毒效果

一、实验目的

目前尚缺乏国际公认的标准检验方法评价消毒剂对病毒的杀灭效果。以表达绿色荧光蛋白（GFP）的重组腺病毒作为指示病毒，重组腺病毒转导宿主细胞 24h 后即可在荧光显微镜下观察到绿色荧光，直接显示病毒感染情况，比常规观察细胞病变的方法更快速、特异。

本实验选用含氯消毒剂、75%乙醇、紫外线照射等进行病毒灭活处理后，对不同消毒方法对重组腺病毒的消毒效果进行评价。

二、实验用品

（一）实验器材

−20℃ 冰箱、生物安全柜、倒置显微镜、倒置荧光显微镜、CO_2 培养箱、不同规格（1mL、200μL）移液器、离心机、超速离心机、96 孔板、25cm^2 培养瓶、60mm 培养皿、Ep 管、不同规格移液器吸头、离心管、实验服、护目镜、口罩、乳胶手套等。

（二）细胞株和病毒株

AD-293 细胞、表达绿色荧光蛋白（GFP）的重组复制缺陷型腺病毒。

（三）实验试剂

含氯泡腾片（有效氯含量 35%±3.5%，试验时用双蒸水溶解）、75%乙醇、PBS、无血清 DMEM 培养基、DMEM 完全培养基、含 5g/L 硫代硫酸钠的 PBS、双蒸水（ddH_2O）等。

三、实验方法

用含氯消毒剂、75%乙醇、紫外线分别处理本章第一节实验中构建的含有 *GFP* 报告基因的重组腺病毒，用处理后的腺病毒转导 AD-293 细胞，计数表达绿色荧光的细胞以评价消毒效果。

（一）含氯消毒剂对重组腺病毒的消毒效果测定

1）用 ddH_2O 配制含氯消毒剂，有效氯浓度为 200mg/L。

2）将 100μL 带有 *GFP* 报告基因的重组腺病毒载体悬液与 800μL 步骤 1）中稀释的含氯消毒剂混合均匀，阳性对照组将等体积的腺病毒加入等体积的 PBS 中，室温作用 30min。

3）使用适量的中和剂（含 5g/L 硫代硫酸钠的 PBS）中和消毒剂的残留效应，室温作用 10min。

4）复苏和准备 AD-293 细胞。将中和后的含有腺病毒载体的液体分别接种于 96 孔板培养的 AD-293 细胞中，平行 3 孔，置于 37℃、5% CO_2 培养箱中培养。待病毒吸附 2h 后更换细胞培养基，24～48h 后置于荧光显微镜下观察并计数。试验重复 3 次，计算平均灭活对数值，计算方式如下。

设阳性（病毒）对照组平均病毒感染的绿色荧光阳性细胞数为 N_o，消毒组平均病毒感染的绿色荧光阳性细胞数为 N_x。平均灭活对数值=$\lg N_o - \lg N_x$。以平均灭活对数值≥4.0 为消毒合格。

（二）75%乙醇对重组腺病毒的消毒效果测定

1）取带有 *GFP* 报告基因的重组腺病毒悬液 100μL 与 75%乙醇 1000μL 混合（阳性对照组用等体积的腺病毒与 PBS 混合），室温下静置 30min。

2）通过无菌超速离心（30 000r/min 离心 1h）去除乙醇。离心后用 1mL DMEM 完全培养基将病毒悬起，分别接种于 96 孔板培养的 AD-293 细胞中，进行培养、观察和计数，计算平均灭活对数值。

（三）紫外线照射对重组腺病毒的消毒效果测定

1）将 1mL 带有 *GFP* 报告基因的重组腺病毒溶液置于 60mm 培养皿中，病毒液面厚度不超过 1mm。将培养皿暴露于生物安全柜的紫外线下照射 30min；阳性对照组腺病毒不做任何处理。

2）照射结束后，分别接种于 96 孔板培养的 AD-293 细胞中，培养、观察和计数，计算平均灭活对数值。

四、实验结果观察与分析

通过荧光显微镜观察被感染细胞（即能够发出绿色荧光的细胞）的数量并计算平均灭活对数值来比较不同消毒方法对腺病毒的灭活作用。

根据实验结果，撰写详细的实验报告，包括实验方法、结果及分析、结论。

实验中须注意以下几点。

1）注意实验室生物安全：在进行实验前，确保所有操作人员都穿戴好个人防护装备，所有实验操作应在生物安全柜内进行，以确保实验人员和环境的安全。实验结束后，对所有使用过的器材进行严格的消毒处理。

2）严格遵守无菌操作规程，避免样品污染。

3）每种消毒方法的病毒灭活效果可能因病毒载体的特性而异，需进行多次重复实验以确保结果的准确性。对于每种消毒方法，都应设立适当的对照组，以评估消毒效果。

思考题

1. 试述以 GFP 标记重组腺病毒作为指示病毒评价消毒效果的方法和注意事项。
2. 查阅资料，综述国内外用于对病毒消毒效果评价的方法。

（韩 俭 易 娟）

第四章　流行性感冒病毒的分离、培养与鉴定

本章要点

1. 列举流行性感冒病毒的实验室诊断方法，包括病毒分离及抗原、核酸和抗体检测。
2. 应用实验室技术（如细胞培养和病毒分离）来分离和培养流行性感冒病毒。
3. 分析流行性感冒病毒分离和培养过程中的关键步骤，识别可能影响结果的因素。
4. 综合不同来源的信息，设计实验方案来鉴定和区分不同类型的流行性感冒病毒。

本章课件

流行性感冒病毒（influenza virus，简称流感病毒）是引起急性呼吸道传染病流行性感冒（简称流感）的病原，主要通过空气飞沫传播。其中甲型流感病毒容易发生变异，曾多次引起世界性流感大流行，目前仍属于对人类危害较大的一种病原体。目前流感病毒病原学相关检查主要包括病毒分离及病毒抗原、核酸和抗体检测。其中病毒分离为实验室检测的“金标准”，是最常用和最可靠的方法之一。流感监测可及时发现并抓住有意义的流感病毒新变种，尤其大流行株，可用于诊断试剂的制备、疫苗的生产及疫情预报。因此，在流感诊断中任何方法都不能完全替代病毒分离，通常多采用鸡胚分离流感病毒。病毒的抗原和核酸检测可用于早期诊断。病毒抗原快速检测可采用免疫荧光的方法检测呼吸道样本，使用单克隆抗体来区分甲、乙型流感病毒，一般可在数小时以内获得结果。其他还有胶体金试验，一般能在10～30min获得结果。核酸检测是通过RT-PCR或real-time RT-PCR检测呼吸道样本中的流感病毒核酸。核酸检测的特异性和敏感性最好，且能快速区分病毒类型和亚型，一般能在4～6h内获得结果。抗体检测取患者恢复期及急性期双份血清检测特异性抗体，可以用于回顾性调查，但对病例的早期诊断意义不大。

拓展阅读

由于流感病毒具有高度传染性和致病性，实验室安全非常重要。根据2023年国家卫生健康委员会发布的《人间传染的病原微生物目录》，高致病性禽流感病毒属于第二类，流行性感冒病毒（非H2N2流感病毒）属于第三类。疑似高致病禽流感病例样本的裂解须在BSL-2实验室操作，采取BSL-3防护；核酸提取及加RNA模板可在BSL-2实验室生物安全柜内操作；季节性流感病毒在BSL-2实验室操作；H2N2流感病毒的病毒培养/动物感染实验需要在BSL-3/ABSL-3实验室中进行。

第一节 案 例

秋冬季节某北方城市，某医院发热门诊同一天有 50 多位症状相似的发热患者前来就诊。其中一位 39 岁的男性患者，主诉出现鼻塞、流涕，有喉咙痛、咳嗽但无痰，头晕头痛，四肢肌肉酸痛伴发热 1d 多，体温 39.0℃。用非甾体抗炎镇痛药后体温会短暂下降，但数小时后体温复升。胸部 X 线片未见明显异常。血常规检查发现，白细胞计数 3.4×10^9 个/L，淋巴细胞比例升高。经询问，患者近期多次去过公共场所，无禽类接触史。医生给予抗病毒药物奥司他韦、退热药物和维生素 C 治疗，辅以休息和增加饮水。经过 3d 治疗，体温逐步恢复正常，在 5d 后症状逐步消失。请问该患者最可能感染哪种病原体？该如何设计病原学分离培养和鉴定的方案，以辅助诊断找到发病原因？

第二节 样 本 采 集

一、样本采集的安全防护措施

样本采集需要遵守国家和行业各项法规和条例。参与该实验的人员需要具备相关法规和条例要求的防护级别对应的生物安全防护能力，能应对现场采样涉及的相关状况。如果所涉及的病原体不明，按最高级别防护进行（按烈性程度最高的状况应对）。

安全防护包括环境的生物安全、采集者的生物安全防护、采集样本的安全共 3 个方面。采集者必须有对采集现场的安全状况进行控制的能力，包括进入现场前的个人防护，进入现场后的消毒灭菌、生物安全操作和无菌操作，离开现场后对物品和防护装置的处理和安全状态确认。采集者的生物安全防护是指采用专门的防护口罩、一次性防护手套、洗手等与所涉及病原体同等安全级别的防护物品和操作，以保证生物安全。采集样本的安全防护是指在采集过程中，注意无菌操作，避免污染，在样本采集后，应放在带盖子的容器内，防止样本外泄。采集后应在适宜温度条件下尽快运送至相应的生物安全实验室。

二、样本采集的方法

（一）呼吸道样本

1. 鼻拭子 将带有聚丙烯纤维头的拭子平行于上颚插入鼻孔，旋转，保持数秒，待拭子头吸收分泌物以后，缓慢转动退出。以另一拭子拭另侧鼻孔。将拭子头浸入采样液中，弃去尾部。

2. 咽拭子 用带有聚丙烯纤维头的拭子适度用力擦拭双侧扁桃体及咽后壁，应避免触及舌部。将拭子头浸入采样液中，弃去尾部。亦可将鼻、咽拭子收集于同一采样管中，以便提高分离率，减少工作量。

3. 鼻咽抽取物　用与负压泵相连的收集器从鼻咽部抽取黏液。先将收集器头部插入鼻腔，接通负压，旋转收集器头部并缓慢退出。收集抽取的黏液，并用3～5mL采样液涮洗收集器3次。

（二）血清样本

用于诊断目的的血清样本应该包括急性期和恢复期双份血清。急性期血样应尽早采集，可在采集病毒分离样本的同时采集血样（手臂静脉），但不能晚于发病7d后。恢复期血样则在发病后2～4周采集。为避免其他成分干扰，应采集空腹血。

思考题

采集患者样本进行病原分离培养的最佳时间是什么？采集者应采取哪些防护措施？

第三节　流感病毒的分离培养

一、鸡胚尿囊腔接种

（一）实验目的

1. 了解鸡胚结构。
2. 熟悉流感病毒的分离培养——鸡胚尿囊腔接种技术。
3. 掌握尿囊液收获方法。

（二）实验原理

鸡胚可作为流感病毒的宿主，使其生长繁殖。将含有流感病毒的样本接种到鸡胚羊膜腔和尿囊腔后，病毒即可在其内胚层细胞内繁殖，并释放到羊水或尿囊液中。一般流感病毒初次分离培养可把含有流感病毒的样本接种羊膜腔，需收获大量病毒时则把含有病毒的羊水传代接种于尿囊腔中。

（三）实验用品

1. 样本　甲型流感病毒PR8/34实验株（A/PR8/34）、10～12日龄无特殊病原（specific pathogen free，SPF）鸡胚。

2. 器材　孵箱、生物安全柜、冰箱、照蛋箱、1mL无菌注射器、锯条、消毒眼科剪、消毒眼科镊、医用胶布、无菌吸管或灭菌吸头等。

3. 试剂　　碘酒棉、75%酒精棉。

（四）实验方法

1. 实验流程　　实验流程如图 4-1 所示。

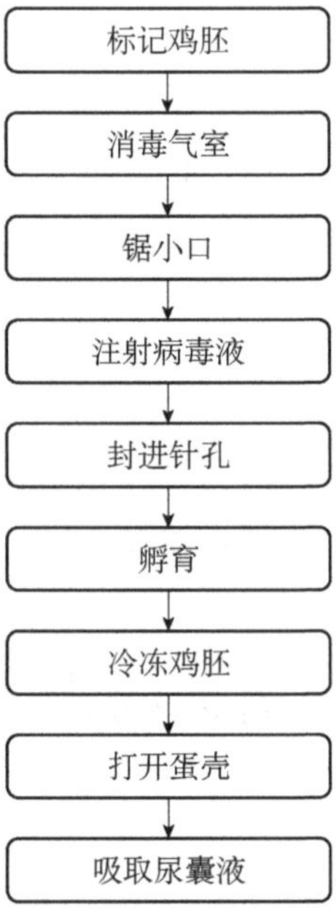

图 4-1　鸡胚接种及尿囊液收获实验流程图

2. 实验步骤

（1）检查鸡胚　　取 10～12 日龄 SPF 鸡胚，经照蛋箱检查，确定为活胚后，标出气室及胚位，于胚位相对侧气室上缘做一标记即为进针处。注意选择无血管区。

（2）注射病毒液　　消毒气室，并于进针处锯一小口，用无菌注射器吸取 200μL 病毒液，将针与鸡胚纵轴方向呈 15° 刺入尿囊腔，进针深度 1～1.5cm。

（3）孵育鸡胚　　用灭菌胶布封固进针孔，置 35～37℃ 孵育 48～72h。

（4）冷冻鸡胚　　孵育后置 4℃ 冰箱 6 h 或过夜，目的是将鸡胚冻死使血液凝固，避免收获时流出红细胞与尿液或羊水里的病毒发生凝集，造成病毒滴度下降。

（5）收获尿囊液　　用碘酒或 75%酒精棉球消毒气室部蛋壳，用消毒眼科剪轻轻剪去蛋壳，再用无菌镊子撕去气室部位壳膜。然后用无菌尖吸管或吸头于无血管处刺入尿囊腔，吸取尿囊液置无菌试管内，4℃ 或低温保存待用。

（五）实验结果观察与分析

所收获鸡胚尿囊液应为澄清液体，若液体浑浊，则可能发生细菌污染。

二、MDCK 细胞分离培养

（一）实验目的

1. 熟悉 MDCK 细胞培养技术。
2. 掌握 MDCK 细胞病毒接种和收获技术。

（二）实验原理

流感病毒对狗肾传代（Madin-Darby canine kidney，MDCK）细胞很敏感，通过 MDCK 细胞分离出的流感病毒，其抗原性与原始样本的相似性高于鸡胚分离的流感病毒。所以，MDCK 细胞是目前用于分离培养流感病毒最常用的细胞系。

由于 MDCK 细胞是肿瘤细胞系，故用该细胞分离的病毒不能用于疫苗生产。各实验室应同时采用鸡胚接种和 MDCK 细胞培养两种方法分离病毒，不应放弃鸡胚分离病毒的方法。

（三）实验用品

1. 样本　75%～90%密度的单层 MDCK 细胞、流感病毒。

2. 器材　生物安全柜、冰箱、CO_2 培养箱、1mL 无菌吸头、10mL 无菌移液管、15mL 无菌离心管、无菌细胞培养皿或培养瓶等。

3. 试剂　TPCK-胰酶（TPCK 为甲苯磺酰基 L-氨基联苯氯甲基酮）、HEPES 缓冲液、DMEM 培养基、Hank’s 液、牛血清白蛋白组分 V（7.5%溶液）、青霉素-链霉素双抗混合液（100×）。

（四）实验方法

1. 实验流程　实验流程如图 4-2 所示。

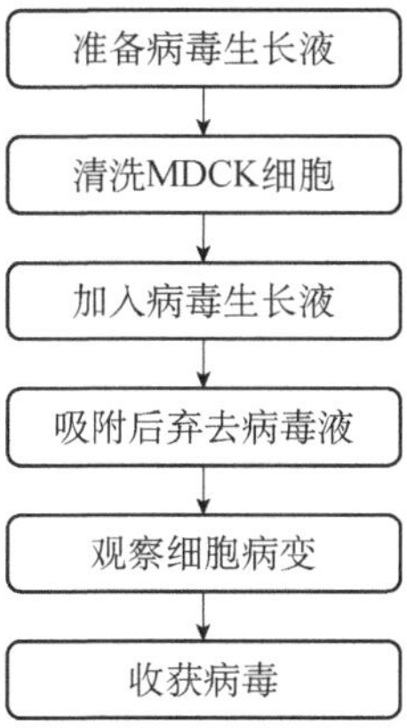

图 4-2　MDCK 细胞分离培养流感病毒实验流程图

2. 实验步骤

（1）准备病毒生长液 ①细胞维持液：500mL DMEM 液中加入青-链霉素双抗、牛血清白蛋白组分 V（终浓度为 0.2%）、HEPES 缓冲液（终浓度为 25 mmol/L）②病毒生长液：每 500mL 细胞维持液中加入 0.5mL 的 TPCK-胰酶，使胰酶的终浓度为 2μg/mL。

（2）流感病毒 MDCK 细胞分离培养 ①取生长良好的 75%～90%MDCK 单层细胞，轻轻倒出细胞培养液，用 10mL 的无菌移液管吸取 Hank's 液清洗 3 遍。②将清洗细胞的 Hank's 液移除，用无菌移液管吸取适量病毒液置于细胞培养瓶中，温和摇动数次，使病毒液与细胞充分接触。置 37℃、5% CO_2 培养箱中吸附 1～2h。③吸出病毒液，用无菌移液管吸取 Hank's 液清洗细胞 2 遍后，加入病毒生长液，放置于 33～37℃ 培养箱培养。④每日观察细胞病变情况。细胞病变的特征是细胞肿胀圆化，细胞间隙增大，细胞核固缩或破裂，严重时细胞部分或全部脱落。

（3）细胞培养物的收获 当 75%～100%细胞出现病变时进行收获，收获之前可以将细胞放于−80℃ 冰箱，冻融 1～2 次，以提高收获样本的病毒滴度。即使无细胞病变也应该于接种后第 7 天收获。收获病毒液时，先温和摇动细胞培养皿或细胞瓶数次，然后用无菌移液管吸取病毒液置于 15mL 无菌离心管中，混匀病毒。收获的病毒液可以立即进行后续实验，或冻于−80℃ 冰箱待以后使用。

（五）实验结果观察与分析

MDCK 细胞培养流感病毒其代数最好小于 35 代，细胞过老会使病毒不容易负载，细胞活力旺盛可以提高病毒培养的阳性率。MDCK 细胞密度过低影响细胞生长，细胞密度过高会导致病毒接种的阳性率降低。保持细胞均匀平铺分布，能提高收获病毒的滴度。

思考题

1. 收获尿囊液时应注意什么？
2. 为什么反复冻融细胞能够提高病毒滴度？

第四节 流感病毒的鉴定

一、血凝试验

（一）实验目的

1. 掌握血凝试验的原理。
2. 掌握血凝试验的操作及结果分析。

（二）实验原理

流感病毒表面具有血凝素抗原，能与人 O 型、豚鼠和鸡红细胞表面血凝素受体结合，引起肉眼可见的红细胞凝集现象。目前常用于流感病毒的初步鉴定。

（三）实验用品

1. 样本　灭活处理的流感病毒尿囊液。

2. 器材　移液器、吸头、96 孔血凝板等。

3. 试剂　0.5%鸡红细胞、生理盐水。

（四）实验方法

1. 实验流程　实验流程如表 4-1 所示。

表 4-1　血凝试验流程表

试剂	病毒稀释度									红细胞对照
	1∶10	1∶20	1∶40	1∶80	1∶160	1∶320	1∶640	1∶1280	1∶2560	
生理盐水/μL	90	50	50	50	50	50	50	50	50	50
病毒尿囊液/μL	10	50	50	50	50	50	50	50	50 弃去 50μL	–
0.5%鸡红细胞/μL	50	50	50	50	50	50	50	50	50	50
摇匀，室温静置 45min										

2. 实验步骤

（1）选择 96 孔板　选择“V”形血凝板，标记好加样顺序。

（2）病毒倍比稀释　1～9 孔为试验孔，第 10 孔为对照。首先在第 1 孔加 90μL 生理盐水，第 2～10 孔分别加 50μL 生理盐水。然后，在第 1 孔加 10μL 病毒尿囊液，混匀后取 50μL 加入第 2 孔，依次类推，第 9 孔混匀后取 50μL 弃去。

（3）加红细胞　吸取 50μL 0.5%鸡红细胞悬液加入各孔，轻弹 96 孔板，使红细胞与病毒充分混匀。

（4）观察结果　室温静置 45min 观察结果。

（五）实验结果观察与分析

根据各孔红细胞是否凝集，以阳性（+）和阴性（–）表示。

阳性（+）：凝集，有 25%～50%及以上的红细胞凝集，现象是凝集的红细胞呈膜状或颗粒状铺于管底，边缘不整齐。

阴性（－）：不凝集，所有红细胞均不凝集，现象是红细胞沉于管底，形成边缘整齐的致密圆点。

以出现凝集的病毒的最高稀释度为血凝效价，即 1 个红细胞凝集单位。例如，1∶160、1∶320 均为阳性（+），则此病毒液效价为 1∶320。如血凝试验为阳性，则可进行血凝抑制试验，鉴定病毒的型和亚型。在血凝抑制试验中，用 4 个单位病毒液进行试验，即 1∶80 稀释的病毒液。

二、血凝抑制试验

（一）实验目的

1. 掌握血凝抑制试验的原理。
2. 掌握血凝抑制试验的操作及结果分析。

（二）实验原理

流感病毒（血凝素抗原）与其相应的抗体发生特异性作用后，再加入红细胞，血凝素则不再与红细胞结合，红细胞凝集现象被抑制。用定量血凝素与不同稀释度血清抗体作用后，能完全抑制血凝的最高稀释度，即血凝抑制抗体效价。

（三）实验用品

1. 样本　4 个凝集单位灭活病毒液。
2. 器材　移液器、吸头、96 孔血凝板等。
3. 试剂　0.5%鸡红细胞、生理盐水、PR8 免疫血清。

（四）实验方法

1. 实验流程　实验流程如表 4-2 所示。

表 4-2　血凝抑制试验流程表

试剂	血清稀释度							病毒对照	血清对照	红细胞对照
	1∶10	1∶20	1∶40	1∶80	1∶160	1∶320	1∶640			
生理盐水/μL	90	25	25	25	25	25	25	25	25	50
PR8 免疫血清/μL	10	25	25	25	25	25	25	–	25	–
	弃去 50μL						弃去 25μL			
4 单位病毒液/μL	25	25	25	25	25	25	25	25	–	–
摇匀，室温静置 10min										

续表

试剂	血清稀释度							病毒对照	血清对照	红细胞对照
	1：10	1：20	1：40	1：80	1：160	1：320	1：640			
0.5%鸡红细胞/μL	50	50	50	50	50	50	50	50	50	50
摇匀，室温 45min										

2. 实验步骤

（1）加生理盐水　按表格所示，每孔加入相应量的生理盐水。第 1～7 孔为实验孔，第 8～10 孔为对照。

（2）加血清　第 1 孔加入 10μL PR8 免疫血清，混匀；按表 4-2 倍比稀释血清。

（3）加病毒液　加入 25μL 病毒液；摇匀，室温静置 10min。

（4）加红细胞　加入 50μL 0.5%鸡红细胞，摇匀。

（5）观察结果　室温静置 45min，观察结果。

（五）实验结果观察与分析

根据各孔红细胞凝集程度，确定血凝抑制效价，以能完全抑制红细胞凝集的血清最高稀释度为该血清的血凝抑制效价。例如，1：80、1：160 的红细胞均完全被抑制，则血凝抑制效价为 1：160。

通过血凝抑制试验进行病毒型别的判断，当血凝抑制效价大于 1：80 时，可初步判断为该型病毒。而用血凝抑制试验间接诊断流感患者时，应采取急性期和恢复期双份血清，若恢复期比急性期血清抗体效价升高 4 倍及以上，具有诊断意义。

三、流感病毒 one step RT-PCR 检测

（一）实验目的

1. 掌握 RT-PCR 试验的原理。
2. 掌握 RT-PCR 试验的操作及结果分析。

（二）实验原理

RT-PCR 技术是以目的 RNA 为模板，在体外完成逆转录过程后，在人工合成特异性引物和耐热 DNA 聚合酶作用下进行的体外 DNA 扩增的方法。实验过程由高温变性、低温退火和适宜温度延伸等反应步骤组成一个循环，经过若干个循环后，特异性 DNA 片段会被大量扩增，然后再用琼脂糖凝胶电泳等手段检测被扩增的 DNA 片段。该方法操作简单，高度敏感，可以在感染早期快速检测病毒核酸，被作为一种病毒感染的快速检测方式应用。

（三）实验用品

1. 样本　待测样本提取的 RNA。

2. 器材　BSC-Ⅱ生物安全柜、微量离心机、涡旋混合器、微量移液器（包括 10μL、100μL、200μL 和 1000μL 量程）、PCR 仪、电泳仪、凝胶成像系统、离心管、PCR 板、吸头等。

3. 试剂　实验以 One-step RT-PCR kit 为例，类似的试剂盒应根据说明书进行相应调整。引物（20μmol/L，因为流感病毒容易变异，扩增引物需根据病毒基因组序列变异情况及时更新，以确保与待扩增病毒基因组序列匹配，引物序列可参考《全国流感监测技术指南》，中疾控疾发〔2011〕381 号）、RNase 抑制剂、电泳试剂（琼脂糖、核酸染料、电泳缓冲液等）、无 RNase 水（RNase-free ddH_2O）、阳性对照 RNA 等。

（四）实验方法

1. 试剂准备

（1）引物配制　将新合成的引物在开盖前短暂离心（12 000r/min，15s）。用无 RNase 水溶解，配成 100μmol/L 的储存液。取部分进行 10 倍稀释，配成浓度为 10μmol/L，即可直接用于 PCR 反应。

（2）RT-PCR 试剂　将试剂盒中 RT-PCR Enzyme Mix 放置在低温装置上，融化 5×RT-PCR buffer，颠倒混匀。

2. 反应体系配制

（1）反应体系　按表 4-3 组分配制反应体系，*n* 为反应数量。

表 4-3　RT-PCR 反应体系

组分	体积/μL
5×RT-PCR buffer	5×*n*
10mmol/L dNTP Mixture	1×*n*
RT-PCR Enzyme Mix	1×*n*
RNase 抑制剂	0.1×*n*
上游引物	0.5×*n*
下游引物	0.5×*n*
无 RNase 水	11.9×*n*
总体积	20×*n*

（2）分装　将上述反应液混匀，分装到 0.2mL PCR 管中，每管 20μL，分别做好标记。

（3）加 RNA 模板　向上述分装好的 PCR 管分别加入模板。首先向阴性对照管中加入 5μL 无菌水，每个样本管中加入 5μL 样本 RNA，最后阳性对照管中加入 5μL 阳性 RNA。

3. 一步法（one-step）RT-PCR 反应　将上述加好模板的反应管混匀，短暂离心后放入 PCR 仪进行 RT-PCR 扩增，反应程序如表 4-4 所示。

表 4-4　PCR 扩增参考体系

温度	时间（min：s）	循环数
60℃	10：00	1
42℃	10：00	1
50℃	30：00	1
95℃	15：00	1
94℃	00：30	40
50℃	00：30	
72℃	01：00	
72℃	10：00	1
4℃	∞	

4. RT-PCR 产物检测

（1）制备 1.5%琼脂糖凝胶　称取 1.5g 琼脂糖，倒入耐热玻璃瓶内，再加入电泳缓冲液（1×TBE）100mL，轻轻混匀后加热，使琼脂糖完全熔化。待琼脂糖胶温度降至 50～60℃，加入核酸染料（Gold View）5μL，轻轻混匀（不要产生气泡）。待胶的温度降至 50℃ 左右时，将其倒入制胶板，插好电泳梳子。待胶完全凝固（30～60min）之后，将梳子拔出。

（2）电泳仪准备　将制备好的电泳凝胶放入电泳槽（带梳子孔的一端在阴极），倒入电泳缓冲液（1×TBE）浸过胶面。

（3）加样　在一孔中加入 5μL DL-2000 Marker，然后 PCR 产物各取 10μL，加入 2μL 上样缓冲液（6×loading buffer），混匀后加入电泳凝胶孔内（先加样本 PCR 产物，再加阴性对照，最后加阳性对照）。

（4）电泳　以电压 100V 电泳，30～40min 后观察结果。

（五）实验结果观察与分析

1. 判读前提　阴性对照未扩增得到条带，阳性对照仅扩增得到特异性条带。

2. 阳性结果　根据各检测引物电泳时出现相应大小特异性条带，进行结果判断。

3. 阴性结果　未出现条带，或不在相应位置出现非特异性条带，均判为阴性结果。

四、流感病毒 real-time one step RT-PCR 方法

（一）实验目的

1. 掌握 real-time one step RT-PCR 试验的原理。
2. 掌握 real-time one step RT-PCR 试验的操作及结果分析。

（二）实验原理

基于 real-time one step RT-PCR 对流感病毒进行检测和鉴定的操作方法中包含了一系列

寡核苷酸引物及双标记 TaqMan 探针。其中甲型和乙型流感病毒检测引物和探针为通用型检测引物和探针，可分别用于甲型和乙型流感病毒型别鉴定。其他引物探针为亚型特异性检测引物探针，可用于目前人群中流行的季节性流感病毒及可以感染人的禽流感病毒亚型鉴定。real-time one step RT-PCR 技术对检测仪器和成本要求较高，但样品上机后可以对检测病毒样本进行实时定量观察，不需检测扩增的 DNA 片段，所以更方便快捷。

（三）实验用品

1. 样本 待测样本提取的 RNA。

2. 器材 BSL-2 生物安全柜、离心机、涡旋振荡器、real-time PCR 仪、记号笔、冰盒或者低温管架、PCR 管或 PCR 板、各种量程的移液器及吸头、无 RNase 的 1.5mL 无菌离心管、无粉手套等。

3. 试剂 实验以 One-step RT-PCR kit 为例，类似的试剂盒应根据说明书进行相应调整；引物（可参考《全国流感监测技术指南》，中疾控疾发〔2011〕381 号，引物需根据流感流行情况不断进行更新）、探针、无 RNase 水（RNase-free ddH_2O）、阳性对照 RNA 等。

（四）实验方法

1. 试剂准备

（1）引物和探针配制 将引物开盖前短暂离心（12 000r/min，15s）。用无 RNase 水溶解，配成 100μmol/L 的储存液。将 100μmol/L 的引物 2.5 倍稀释，此时浓度为 40μmol/L，可作为工作浓度。将新合成的探针开盖前短暂离心（12 000r/min，15s），用无 RNase 水溶解，配成 100μmol/L 的储存液。将 100μmol/L 的探针 10 倍稀释，此时浓度为 10μmol/L，可作为工作浓度。

（2）real-time RT-PCR 试剂 将 25×RT-PCR Enzyme Mix 放置在低温装置上。融化 2×RT-PCR buffer，颠倒混匀。短暂离心 2×RT-PCR buffer 后放置在低温装置上。

2. 反应体系配制

（1）反应体系 按照表 4-5 配制反应体系，*n* 为反应数量。

表 4-5 real-time RT-PCR 反应体系

组分	体积/μL
2×RT-PCR buffer	12.5×*n*
25×RT-PCR Enzyme Mix	1×*n*
上游引物	0.5×*n*
下游引物	0.5×*n*
探针	0.5×*n*
无 RNase 水	5×*n*
总体积	20×*n*

（2）分装　　将上述反应液混匀，分装到 0.2mL PCR 管中，每管 20μL，分别做好标记。

（3）加 RNA 模板　　向上述分装好的 PCR 管分别加入模板。首先加入阴性对照管（5μL 无菌水），然后分别加样本 RNA（每管 5μL），最后加入阳性对照 RNA（每管 5μL）。

3. 一步法 real-time RT-PCR 反应

将上述加好模板的反应管混匀，短暂离心后放入 PCR 仪进行 RT-PCR 扩增，反应程序见表 4-6。

表 4-6　一步法 real-time RT-PCR 反应程序

96 孔仪器		SmartCycler Ⅱ		循环数
温度	时间（min：s）	温度	时间（min：s）	
45℃	10：00	45℃	10：00	1
95℃	10：00	95℃	15：00	1
95℃	00：15	95℃	00：15	40
60℃	00：45	60℃	00：60	

注：SmartCycler Ⅱ 仪器升降温度设为 1.6℃/s；适用此反应条件的 96 孔仪器有 AB7500、7900HT 和 Stratagene 3500P

（五）实验结果观察与分析

1）阴性对照反应得到的荧光曲线不应超过阈值线，应无循环阈值（C_t 值）或 C_t 值为零。如果阴性对照产生假阳性则说明有污染产生，此次检测结果无效，然后严格按照操作程序重复实验。

2）阳性对照的检测结果应为阳性，且 C_t 值为 20～30。如果阳性对照检测结果未达到要求，则需严格按照操作程序重复试验。

3）当所有对照成立，检测样本在 35 个循环内出现荧光信号，则样本为阳性；若 C_t 值为 35～40，应重复确认，如 C_t 值还在 40 内可判断为阳性；C_t 值超过 40，视该样本为阴性。

4）所有的临床样本人核糖核酸酶 P（RNP）检测都必须为阳性，且 C_t 值在 35.0 以内才可以证明样本的质量是可接受的。

思考题

血凝和血凝抑制试验是否为特异性实验？实验意义是什么？

五、流感病毒的基因组测序

（一）流感病毒的一代测序

一代测序方法即双脱氧测序法，又称 Sanger 测序法，此方法拥有极高的准确率，并可在极短的时间内完成测序，能够及时发现流感病毒的变异。

Sanger 测序法的原理是在测序缓冲液中同时加入 4 种脱氧核苷酸三磷酸（dNTP）和 2，3-双脱氧核苷三磷酸（ddNTP），利用 DNA 聚合酶来延伸结合在待定序列模板上的引物。ddNTP 会随机地代替 dNTP 参加反应，一旦 ddNTP 加入了新合成的 DNA 链，延伸就会停止。这样每合成一个碱基都有概率终止合成，因此就产生了一系列具有共同起始点，但相差一个碱基的 DNA 片段，可通过高分辨率变性凝胶电泳进行检测，从而获得可见的 DNA 碱基序列。

实验步骤主要包括核酸提取、流感病毒基因片段扩增（One-step RT-PCR kit）、扩增产物琼脂糖凝胶电泳检测、扩增产物纯化、测序反应、测序产物纯化、序列读取等。

（二）流感病毒的深度测序

流感病毒一代测序的难点在于流感病毒有多种亚型，且病毒变异速度快，一代测序使用的特异性引物往往不能扩增出变异的病毒。而二代测序技术无须使用特异性引物，以高通量为主要特点，同时也解决了一代测序不能完成的混合样本的测序问题。目前应用于微生物领域的深度测序平台主要有 MiSeq、MiniSeq、Ion Torrent（PGM、S5 等）。

实验步骤主要包括核酸提取、流感病毒全基因组扩增、扩增产物纯化、扩增产物定量、文库构建与测序等。

流感病毒全基因组测序技术的不断发展，为科学家们提供了更为深入、精准地了解流感病毒的机会。通过对病毒基因组的全面解析，我们能够更准确地对流感病毒进行分型，区分不同毒株之间的差异，揭示其变异规律和传播特性，从而有助于更好地追踪病毒的传播路径，预测疫情的发展趋势，并为制定针对性的防控策略提供依据，为疫情防控提供有力支持。

（邹清华　彭宜红）

第五章 乙型肝炎病毒的检测及常用的病毒学研究方法

本章要点

1. 介绍常用的乙型肝炎病毒的血清学实验室诊断方法，包括抗原和抗体的检测。
2. 阐述定量 PCR 技术在乙型肝炎病毒检测中的应用。
3. 认识检测肝穿刺活检病理组织样本细胞中乙型肝炎病毒抗原的免疫组化技术。

本章课件

乙型肝炎病毒（hepatitis B virus，HBV；简称乙肝病毒）感染可转为慢性感染，导致慢性肝炎、肝纤维化、肝硬化甚至肝癌。HBV 感染主要通过检测血清样本中乙肝表面抗原（hepatitis B surface antigen，HBsAg）进行诊断，通常同时进行病毒 e 抗原（HBeAg）、表面抗体（抗 HBs/HBsAb）、e 抗体（抗 HBe/HBeAb）及 HBV 核心抗体（抗 HBc/hepatitis B core antibody，HBcAb）的检测，即所谓“乙肝两对半”检测，以判断感染个体所处感染自然史分期、未感染个体免疫保护状态等。HBV 抗原及抗体的检测方法多数基于抗原-抗体特异性反应，常用酶联免疫吸附法（enzyme-linked immunosorbent assay，ELISA）或电化学发光免疫分析法（electrochemiluminescence immunoassay，ECLIA），可进行人工或自动化定性及定量检测。肝穿刺等肝组织样本中的 HBV 抗原可以通过免疫组织化学等方法进行检测，主要用于科研目的。

HBV 感染个体血清或其他样本中的病毒 DNA 可分别通过 PCR 及实时荧光定量 PCR 进行定性和定量检测，其中定性检测还可与病毒分型、耐药突变检测等结合，提供更多信息，而定量检测的结果在慢性乙肝抗病毒治疗中用于判断治疗响应并追踪长期疗效。检测 HBV 感染的主要生物标志物见图 5-1。

HBV 共价闭合环状 DNA（covalently closed circular DNA，cccDNA）在感染肝细胞中长期存在且高度稳定，是慢性乙肝难以彻底治愈的主要原因之一，并可能在临床治愈患者处于免疫抑制状态时引起病毒再激活。肝穿刺等临床样本中的 cccDNA 可通过一系列基于核酸扩增的方法进行检测，但目前仍缺少足够的标准化和商业化，主要用于实验室研究。用感染个体血清中的病毒 RNA 检测作为肝组织中 cccDNA 含量和转录活性的替代检测指标，近年来日益受到重视。

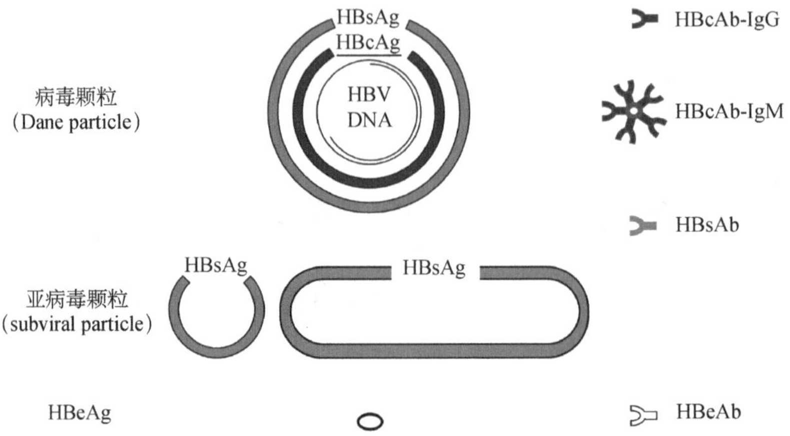

图 5-1 HBV 感染检测的主要生物标志物示意图

HBsAg. 乙肝表面抗原；HBsAb. 乙肝表面抗体；HBeAg. 乙肝 e 抗原；HBeAb. 乙肝 e 抗体；HBcAg. 乙肝核心抗原，下划线表示 HBcAg 由于不暴露于病毒粒子表面，可与 HBcAb 共存于同一样本，通常不纳入临床检测；HBcAb. 乙肝核心抗体，分为 IgM 和 IgG

本章介绍的检测，当待检样本具备明确或潜在感染性时（可能含有完整病毒粒子且未经充分灭活），必须在 BSL-2 实验室进行；当待检样本明确不具感染性时（不含有完整病毒粒子的科研样本或已经过充分灭活的样本），可在 BSL-1 实验室进行。实验产生的废液及固体废弃物应作为医疗废弃物处理。

第一节 案 例

某研究生从事 HBV 分子病毒学相关研究，在制备用于感染培养细胞的高滴度 HBV 悬液过程中发生操作事故，被含病毒悬液注射器的针头刺伤，经现场应急处理后立即就医。门诊抽血检测显示该生血清 HBsAb 阴性，其他 HBV 抗原及抗体指标也均为阴性，该生有完整的 HBV 疫苗接种记录。接诊医生根据上述情况给予该生 HBV 免疫球蛋白（hepatitis B immune globulin，HBIG）肌内注射两次（间隔一个月）的暴露后预防处理。事故发生后半年，该生复查，该进行哪些测试？

第二节 样本采集

HBV 微生物检测的样本主要为人体血清或血浆，也可能使用肝组织样本或 HBV 感染/复制的细胞，均应视为传染性物质，必须按照传染病实验室检查规程处理。

1. 血清 采血后，室温下自然放置 20min 至 2h，待血液凝固。血块收缩后，2000～3000r/min 离心 15min，小心吸出上清液。

2. 血浆 采血后，样本和抗凝剂经反复轻摇混匀后，2000～3000r/min 离心 20min 将血浆和血细胞分离，小心吸出上清液。

3. 培养细胞　检测细胞内成分时，贴壁细胞首先使用胰酶等消化脱壁。细胞用冷 PBS 洗涤后用液氮反复冻融或加入 RIPA（radioimmunoprecipitation assay，放射免疫沉淀法）裂解液等细胞裂解试剂处理，12 000r/min 离心 20min 左右收集上清液（细胞裂解液）。检测细胞培养上清时，培养液经 12 000r/min 离心 5min，收集上清液。

4. 组织样本　样本称重后加入冷 PBS 或组织蛋白提取试剂，使用匀浆器匀浆后，12 000r/min 离心 20min，收集上清液（组织提取液）。

上述样本暂时保存应冷藏，长期保存应冷冻并避免反复冻融，使用前应平衡至室温。样本检测前应通过预实验确定合适的稀释比例，以尽量使待检物浓度处于试剂盒说明书建议的最佳检测范围内。样本稀释和保存应避免使用 NaN_3，因 NaN_3 抑制辣根过氧化物酶（horseradish peroxidase，HRP）的活性。

其他类型样本（如尿液、唾液、精液、羊水、胸水、腹水、乳汁等）是否可用于检测应查阅试剂盒说明书或咨询试剂盒生产商。

第三节　HBV 抗原及抗体检测

一、实验目的

乙型肝炎病毒（HBV）抗原和抗体是 HBV 感染主要的血清标志物，相关检测是 HBV 感染临床诊断的主要指标，并可以辅助判断感染个体所处自然史分期、未感染个体免疫保护状态等。通过本实验，掌握酶联免疫吸附法（ELISA）测定 HBV 抗原和抗体的基本原理、操作流程及结果解读。

二、实验原理

ELISA 是基于抗原-抗体特异性结合以及酶催化生色底物发生反应、改变溶液颜色的原理建立的定性或半定量检测抗原、抗体的实验方法。ELISA 在包被有可与待检抗原或抗体特异结合的抗体或抗原的反应孔板中进行，待检物通过与包被物特异性结合被捕获至孔板固相表面后，加入酶联抗体或抗原检测捕获的待检物（非竞争法）或未与待检物结合的包被物（竞争抑制法）。ELISA 通常使用辣根过氧化物酶（HRP）制备酶联物，HRP 催化过氧化氢和生色底物四甲基联苯胺（3，3′，5，5′-tetramethylbenzidine，TMB）反应。ELISA 在孵育反应时使用封闭试剂以及低浓度去垢剂保证反应特异性，在孵育反应结束弃去孔板内反应液后，使用含低浓度去垢剂的洗涤液洗涤孔板去除未结合和非特异结合的反应物。ELISA 实验中应使用阴性、阳性对照品平行操作，还应设置不加待检物和酶联物、仅加入酶底物的空白对照。

HBV 感染血清标志物的检测标的包括表面抗原（HBsAg）和表面抗体（抗 HBs/HBsAb）、e 抗原（HBeAg）和 e 抗体（抗 HBe/HBeAb），以及乙肝核心抗体（抗 HBc/HBcAb，包括抗 HBcAb-IgG 和抗 HBcAb-IgM）。血清中的核心抗原 HBcAg 主要以病毒粒子包膜内部的核衣壳形式存在，破坏病毒包膜后方可暴露，通常不作为临床检测标的。

（一）乙肝表面抗原（HBsAg）检测

常用双抗体夹心法：以 HBsAb（包被抗体或捕获抗体）包被孔板，加入样品孵育。若样品中含有 HBsAg，则被包被抗体捕获。洗板后加入酶联 HBsAb（检测抗体），与被捕获 HBsAg 上的可用表位结合。洗板后加入生色底物，测量孔板结合的检测抗体量，可以反映样品中 HBsAg 含量。

（二）乙肝表面抗体（HBsAb）检测

常用双抗原夹心法：以 HBsAg（包被抗原）包被孔板，同时加入样品和酶标 HBsAg 孵育。若样品中含有 HBsAb，则与包被 HBsAg 和加入的酶标 HBsAg 形成三元复合物被捕获。洗板后加入生色底物，测量孔板结合的酶标 HBsAg 量，可以反映样品中 HBsAb 含量。

（三）乙肝 e 抗原（HBeAg）检测

常用双抗体夹心法：原理同 HBsAg 检测，捕获抗体和检测抗体使用 HBeAb。

（四）乙肝 e 抗体（HBeAb）检测

常用竞争抑制法：以 HBeAg（包被抗原）包被孔板，同时加入样品和酶标 HBeAb 孵育。若样品中含有 HBeAb，则与加入的酶标 HBeAb 竞争对包被 e 抗原的结合。洗板后加入生色底物，测量孔板结合的酶标 HBeAb 量，可以反映样品中 HBeAb 含量：生色反应越弱，则样品中的 HBeAb 含量越高。

（五）乙肝核心抗体（HBcAb）检测

常用竞争抑制法：用于总 HBcAb 检测，原理同 HBeAb 检测，包被抗原使用 HBcAg，检测抗体使用酶标 HBcAb。

HBcAb 抗体分型检测通常使用抗原抗体夹心法，以 HBcAg 包被孔板，加入样品孵育反应并洗板后，加入酶标抗人 IgG 抗体（抗人 γ 链）或抗人 IgM 抗体（抗人 μ 链）孵育。洗板后加入生色底物，测量孔板结合的酶标抗体量，可以反映样品中相应型别 HBcAb 含量。

三、实验用品

（一）样本准备

检测物通常为人体血清或血浆，其他类型样本（如尿液、唾液、精液、羊水、胸水、腹水、乳汁等）是否可用于检测应查阅试剂盒说明书或咨询试剂盒生产商。

（二）仪器设备

全自动酶免分析仪、恒温箱、微孔板振荡器、微量移液器、酶标仪（一般检测波长

450nm，参考波长 630nm）、洗板机或洗瓶、封片膜、吸水纸等。

（三）试剂

科研用途试剂盒或经国家药品监督管理局许可的诊断试剂盒。试剂盒通常需冷藏保存，使用前必须平衡至室温。常用试剂盒通常包括：预包被微孔反应板条、酶联结合物、阳性对照、阴性对照、洗涤液母液（使用按照说明书以去离子水稀释）、显色剂 A（含 0.5%过氧化氢）、显色剂 B（含 0.26% TMB）、终止液（含硫酸，浓度不高于 2mol/L）等。

四、实验方法

（一）实验流程

实验流程如图 5-2 所示。

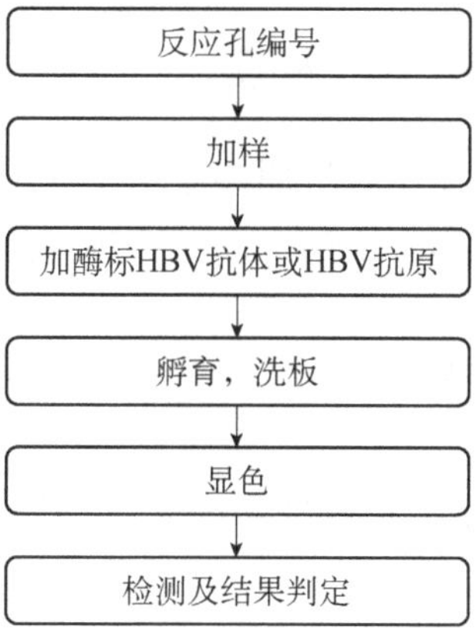

图 5-2　ELISA 检测乙肝抗原或抗体的实验流程

（二）乙肝表面抗原（HBsAg）检测

1. 实验步骤　以下步骤为使用双抗体夹心法检测试剂盒的示例操作，实际操作时应按照所使用的试剂盒说明书进行。开始实验前将试剂盒平衡至室温，按照说明书配制洗涤液。

（1）反应孔编号　每样本设复孔或三复孔，另设阴性对照 3 孔，阳性对照 1～2 孔，不加样空白对照 1～2 孔。

（2）加样　根据编号每孔加入 75μL 待测样本或对照品，空白对照孔仅加 PBS。用封板膜覆盖反应板后，置 37℃ 孵育 60min。

（3）加酶标抗体　取出反应板，撕去封板膜，在已加入待测样本和阴性、阳性对照的孔中加入 50μL 酶标抗体试剂。在微孔板振荡器上振荡 10s，或手工轻轻振荡 10s。用封板膜覆盖反应板后，置 37℃ 孵育 30min。

（4）洗板　取出反应板，撕去封板膜，洗涤反应板 5 次。手工洗板：弃去孔内液体，用洗涤液注满各孔，静置 30～60s，甩干，重复 5 次后，在干净的吸水纸上拍干。洗板机洗板时参数按照手工洗板设置。

（5）显色　在所有孔内加入显色剂 A、显色剂 B 各 50μL，振荡 10s 混匀，封板膜覆盖后置 37℃ 孵育 30min。

（6）检测　在所有孔内加入 50μL 终止液，振荡反应板 5s 混匀。用酶标仪读数，波长 450nm（建议使用双波长的酶标仪比色，参考波长 630nm 或其他相近波长），以空白对照孔校零后读取各孔 OD 值。

2. 结果判读　如设置空白孔，空白孔读数应≤0.040（双波长）或<0.080（单波长）。

阴性对照孔读数（<0 时记为 0）均值应≤0.100，阳性对照孔读数均值应≥1.000。

以上条件均满足时实验结果有效，计算阳性临界值（cut-off value，CoV）。

CoV = 阴性对照孔读数（<0 时记为 0）均值 +0.100

待测样本孔读数均值（*S*）大于等于阳性临界值（*S*/CoV≥1）则判定为 HBsAg 阳性，否则为阴性。

（三）乙肝表面抗体（HBsAb）检测

1. 实验步骤　以下步骤为使用双抗原夹心法（一步法）检测试剂盒的示例操作，实际操作时应按照所使用的试剂盒说明书进行。开始实验前将试剂盒平衡至室温，按照说明书配制洗涤液。

（1）反应孔编号　每样本设复孔或三复孔，另设阴性对照 3 孔，阳性对照 1～2 孔，不加样空白对照 1～2 孔。

（2）加样　根据编号每孔加入待测样本或阴性、阳性对照 50μL，空白对照孔不加样，轻轻振荡混匀。

（3）加酶标抗原　每孔加入酶标抗原试剂 50μL，空白孔仅加 PBS，轻轻振荡混匀。用封板膜封板后，置 37℃ 孵育 30min。

（4）洗板　小心揭掉封板膜，用洗板机洗涤 5 遍，最后一次尽量扣干，酶标板洗涤时各孔均加满洗涤液，防止孔口有游离酶不能洗净，应设定 30～60s 的洗涤液浸泡时间。手工洗涤：静置 5s，甩干，重复 5 次，拍干。

（5）显色　每孔加入显色剂 A、显色剂 B 各 50μL，轻轻振荡混匀，37℃ 避光显色 30min。

（6）检测　每孔加入终止液 50μL，轻轻振荡混匀，10min 内测定结果。用酶标仪读数，波长 450nm（建议使用双波长的酶标仪比色，参考波长 630nm 或其他相近波长），以空白对照孔校零后读取各孔 OD 值。

2. 结果判读　参考值 cut-off value（CoV）=阴性对照平均 OD 值×2.1。阴性对照 OD 值低于 0.050 时，按 0.050 计算；0.050≤OD 值≤0.100 时，按实际 OD 值计算；阴性对照 OD 值>0.100 时，结果无效，需重新检测。样本 OD 值均值大于或等于 CoV 值时，判定 HBsAb 检测阳性，否则为阴性。

（四）乙肝病毒 e 抗原（HBeAg）检测

1. 实验步骤　以下步骤为使用双抗体夹心法（一步法）检测试剂盒的示例操作，实际操作时应按照所使用的试剂盒说明书进行。开始实验前将试剂盒平衡至室温，按照说明书配制洗涤液。

（1）反应孔编号　每样本设复孔或三复孔，另设阴性对照 3 孔，阳性对照 1～2 孔，不加样空白对照 1～2 孔。

（2）加样　根据编号每孔加入 50μL 待测样本或对照品，空白对照孔仅加 PBS。

（3）加酶标抗体　每孔加入酶标抗体试剂 50μL（空白对照孔除外），充分混匀，封板置 37℃ 孵育 30min。

（4）洗板　手工洗板：弃去孔内液体，用洗涤液注满各孔，静置 5s，甩干，重复 5 次后拍干。洗板机洗板：选择洗涤 5 次程序，洗板后拍干。

（5）显色　每孔加显色剂 A、显色剂 B 50μL，充分混匀，封板，置 37℃ 孵育 15min。

（6）检测　每孔加入终止液 50μL，混匀。用酶标仪读数，波长 450nm（建议使用双波长的酶标仪比色，参考波长 630nm 或其他相近波长），以空白对照孔校零后读取各孔 OD 值。

2. 结果判读　参考值 cut-off value（CoV）=阴性对照平均 OD 值×2.1。阴性对照 OD 值低于 0.050 者，按 0.050 计算；0.050≤OD 值≤0.100 的按实际 OD 值计算。当阴性对照 OD 值>0.100 时，结果无效，需重新检测。样本 OD 值均值大于或等于 CoV 值时，判定 HBeAg 检测阳性，否则为阴性。

（五）乙肝 e 抗体（HBeAb）检测

1. 实验步骤　以下步骤为使用竞争抑制法检测试剂盒的示例操作，实际操作时应按照所使用的试剂盒说明书进行。开始实验前将试剂盒平衡至室温，按照说明书配制洗涤液。

（1）反应孔编号　每样本设复孔或三复孔，另设阴性对照 3 孔，阳性对照 1～2 孔，不加样空白对照 1～2 孔。

（2）加样　根据编号每孔加入 50μL 待测样本或对照品，空白对照孔不加样。

（3）加酶标抗体　除空白对照孔外，每孔加 50μL 酶标抗体试剂，轻轻振荡封板后，置 37℃ 水浴 30min。

（4）洗板　弃去孔内液体，用洗涤液注满各孔，静置 20s，扣去洗涤液，重复 4 次后在吸水纸上拍干。

（5）显色　每孔加显色剂 A、显色剂 B 各 50μL，轻轻振荡封板后，置 37℃水浴 15min。

（6）检测　每孔加入终止液 50μL，混匀。用酶标仪读数，波长 450nm（建议使用双波长的酶标仪比色，参考波长 630nm 或其他相近波长），以空白对照孔校零后读取各孔 OD 值。

2. 结果判读　参考值 cut-off value（CoV）=0.3×阴性对照平均 OD 值。阴性对照 OD

值大于 1.5 时，按 1.5 计算；小于 1.5 时，按实际值计。样本 OD 值均值小于等于 CoV 值时，判定 HBeAb 检测阳性，否则为阴性。

（六）乙肝核心抗体（HBcAb）的检测

使用竞争抑制法检测试剂盒检测总核心抗体（IgM+IgG）时，操作与 e 抗体检测相同，此处从略。

五、实验结果观察与分析

HBV 感染后，血清表面抗原和 e 抗原转阳且水平逐渐增加。在急性自限性感染中，e 抗原通常首先开始下降，转阴后由 e 抗体取代。表面抗原下降并消失后，表面抗体出现并通常终身维持阳性。表面抗原的消失和表面抗体的阳转是感染痊愈重要指标，愈后宿主由于表面抗体的存在对于再感染具有免疫保护。HBc 抗体可在表面抗原出现一两周内先于表面抗体出现，自愈后通常终生维持阳性，与表面抗体同时存在时，是继往感染重要标志。若急性感染自愈失败，转为慢性感染，则不出现表面抗原的消失和表面抗体阳转，但病程进展中可以自然发生 e 抗原向 e 抗体的血清学转换。

乙肝两对半检测在 HBV 感染筛查及诊断、慢性乙肝患者治疗效果跟踪评估等临床实践中有重要应用，虽然其中个别指标阳性时即可作出相应判断，但通常仍有必要综合考虑全部指标并结合病毒核酸检测结果进行分析。

乙肝表面抗原（HBsAg）阳性表明处于 HBV 感染状态。表面抗原是 HBV 感染后最先出现的血清标志物，急性自限性感染中表面抗原一般在 6 个月之内消失，如表面持续阳性超过 6 个月则定义为慢性感染。除定性检测外，血清表面抗原定量检测在预测疾病进展、抗病毒疗效和预后方面也有应用。

乙肝表面抗体（HBsAb）阳性通常表明对于 HBV 感染或再感染具备保护性。HBsAb 在 HBV 急性感染自愈、慢性感染临床治愈及乙肝疫苗接种免疫应答后出现，具有中和病毒感染的能力。感染患者出现表面抗原转阴、表面抗体转阳的过程称为 HBsAg 血清学转换，通常表明自愈或临床治愈。临床上也有表面抗体和表面抗原同时阳性的报道，可能与表面抗原编码基因的突变造成免疫逃逸有关。完成疫苗接种流程后血清未出现 HBsAb 阳转或滴度过低，则为免疫不应答或低应答，不具备保护力。

拓展阅读

乙肝 e 抗原（HBeAg）阳性表明处于 HBV 感染状态，因慢性感染患者也可出现 e 抗原转阴，阴性结果必须结合其他指标进行分析。

乙肝 e 抗体（HBeAb）阳性必须结合其他指标进行分析。由于 e 抗原不存在于 HBV 病毒粒子中，也不直接参与感染过程，e 抗体不具备保护力。e 抗原转阴、e 抗体转阳的过程称为 HBeAg 血清学转换，在慢性感染中可以自发或在治疗后出现。

乙肝核心抗体（HBcAb）阳性表明曾被 HBV 感染或仍处在感染状态，必须结合其他指标进行分析。由于核心抗原（HBcAg）被病毒包膜包裹，不能被血清 HBcAb 结合，HBcAb 对感染过程没有显著影响，不具备保护力。HBcAb 是 HBV 急性感染后最早出现的抗体，并且无论预后如何通常终身存在，因此必须结合其他指标区分既往感染和当前感染。一般临床上 HBcAb 指的是总抗体，包括 HBcAb-IgG 和 HBcAb-IgM。HBcAb-IgM 阳性通常表明处于急性感染期，慢性感染患者发生急性发作时也可出现 HbcAb-IgM 阳性，但滴度通常低于急性感染。

思考题

1. 哪些因素可能干扰 ELISA 检测的结果?
2. 本节案例中，应如何检测、判断是否发生 HBV 感染?

第四节　HBV DNA 定量检测

一、实验目的

血清 HBV DNA 是肝中病毒活跃复制的标志物，相关检测是 HBV 感染临床诊断的金标准，特别是对于 HBV 隐匿感染等的诊断具有不可替代性。血清 HBV 核酸的定量检测在临床实践中用于追踪评估治疗效果。通过本实验，掌握实时荧光定量 PCR 法测定 HBV 核酸的基本原理、操作流程以及结果解读。

二、实验原理

血清 HBV DNA 主要为病毒粒子中包含的基因组 DNA，经过核酸提取步骤提取纯化后，使用针对 HBV 基因组中相对保守区域的引物，通过普通 PCR 进行定性检测，或通过实时荧光定量 PCR（qPCR）等方法进行定量检测。其中，qPCR 可采用双链 DNA 特异性荧光染料实时检测扩增产物，亦可采用 TaqMan 荧光探针技术检测特异性扩增过程中探针降解造成的荧光信号增强，后者通常具有更高的特异性、灵敏度和动态范围。通过平行检测已知浓度的系列稀释标准品，可以计算样本中 HBV DNA 的含量。由于 qPCR 反应灵敏度高、环境和试剂污染、样本中可能含有的抑制 PCR 反应成分等均可能对结果造成显著影响，实验设计应设置合理且充分的对照进行质量控制。

三、实验用品

（一）样本

若检测物为人体血清或血浆，应视为传染性物质，须按照传染病实验室检查规程处理。样本采集应使用一次性密闭容器，如真空采血管。抗凝剂采用乙二胺四乙酸（EDTA），不宜采用肝素抗凝，因肝素可能抑制 PCR 反应。全血采集后应尽快分离血清或是制备成 EDTA 抗凝血浆，并保存在已灭菌的管中，勿在室温放置太久。样本在 2～8℃ 条件下保存不超过一个月，−20℃条件下保存不超过一年，长期保存须置于−80℃。样本反复冻融次数不超过4次。

（二）仪器设备

荧光定量PCR仪、低速水平离心机、生物安全柜、台式高速离心机、移液器、混匀器、恒温水浴箱/干式恒温器、冰箱（4℃、−20℃）、固定紫外灯、冷冻离心机、离心管、PCR管等。

（三）试剂

科研或诊断用检测试剂盒主要成分通常包括核酸提取试剂和质控样品，质控样品包括HBV阴性对照品、梯度稀释的HBV阳性定量参考品和PCR内标模板（内标模板与靶基因无同源性，内标探针选择与靶基因探针没有冲突的另一检测通道，用于监测反应体系可能存在的抑制因素）。

四、实验方法

由于PCR反应非常灵敏，容易在对样本和试剂、耗材、仪器的操作过程中引入污染而造成假阳性，应参考临床基因扩增实验室区域设置原则对操作区进行准备区、样本处理区、检测区的划分，各区仪器、耗材、试剂等仅限在区内专用，各区间人员流动及空气流动应有严格要求，最大限度避免交叉污染。

必须在生物安全柜内进行试剂和样本准备，实验过程中穿工作服，戴口罩和一次性手套。新采集的检测样本，离心后直接进样检测，然后封闭保存。禁止检测样本开盖保存。离心管中保存的样本，在检测前需混匀瞬时离心后再使用。所有样本都需被视为潜在污染源，应在生物安全柜内小心处理，实验材料如果出现外溅，则需根据材料性质的不同分别处理。

（一）质控

在样本提取前，将试剂盒提供的内标模板加入样本、阴性对照品和定量标准品并混合均匀，用于监测DNA提取中可能存在的操作差错以及PCR反应中可能出现的抑制情况。

（二）DNA提取

以下步骤为使用磁珠法HBV核酸提取试剂盒的示例操作。

实验开始前取出试剂盒所有组分，轻微振荡，使其充分混匀，如试剂中有沉淀，溶解后使用。样本如为冷冻冷藏，检测前先恢复至室温。操作时如发现管壁和管盖有液体，短暂离心使液体甩入管底，再置于磁力架上。

1）取（*N*+6）个1.5mL灭菌离心管（*N*为需要提取临床样本的数量，另6个离心管用于试剂盒定量标准品及阴性质控品的提取）分别加入10μL蛋白酶K、4μL助沉剂、300μL病毒裂解液、20μL磁珠（使用前充分振荡混），加入200μL待处理样本，5μL HBV内标模板，振荡混匀，室温颠倒混匀10min，使磁珠和核酸充分结合。

2）将离心管放在磁力架上静置1min，使磁珠吸附完全，溶液澄清后弃去上清液。吸附在离心管盖上的磁珠可通过反复颠倒磁力架冲洗下来。

3）加入500μL洗液A，漩涡振荡使磁珠重新悬浮，然后置于磁力架上，1min磁分离后去上清。

4）加入500μL洗液B，漩涡振荡使磁珠重新悬浮，然后置于磁力架上，1min磁分离后去上清。

5）将离心管放置在磁力架上，缓慢加入550μL洗液C（不要冲起磁珠），静置1min磁分离后弃去上清液，取下离心管。

6）加入50μL洗脱液，用移液器缓慢吹打混匀，55℃温育5min，其间轻轻晃动溶液两次。

7）将离心管放在磁力架上静置1min，磁分离后将上清液转移至新的灭菌离心管中。

（三）qPCR扩增

以下步骤为使用TaqMan探针法HBV DNA荧光定量检测试剂盒的示例操作。

取出试剂盒各组分，充分解冻并持续振荡15s混匀。准备相应数量的PCR反应管，每一稀释度样本应设3复管，此外应设置阴性质控品至少1管，以及系列标准品各1管。按每管需PCR反应液19μL、酶混合物[*Taq* DNA聚合酶和尿嘧啶-DNA糖基化酶（UDG）]1μL、PCR反应增强剂10μL，配制反应混合物。漩涡振荡器上振荡30s混匀，瞬时离心后按30μL/管分装至反应管中待用。

吸取样本洗脱液、阴性对照或阳性对照20μL加入相应的反应管中，盖上管盖，用迷你离心机离心15s（约2000r/min），平稳放入荧光定量PCR仪，设置条件荧光检测通道为FAM及HEX，分别收集靶标扩增及内标扩增信号。

PCR循环设置：UDG酶反应37℃，2min；95℃预变性3min，94℃变性15s，60℃退火/延伸/荧光检测35s，循环40次；循环结束降温至25℃，1min。

五、实验结果观察与分析

以下条件同时满足时实验结果有效：阴性质控品靶标通道无“S”形曲线，报告界面无C_t值，内标通道有“S”形曲线；定量标准品靶标通道有“S”形曲线，且C_t值小于40，内标通道有“S”形曲线；由标准品浓度对C_t值绘制标准曲线的相关系数（r）应大于0.99或r^2应大于0.98。

样本检测结果判定：在内标通道中出现“S”形曲线，同时在靶标通道中无“S”形曲线，则检测样本为“低于试剂盒检出下限（200IU/mL）”；内标通道出现“S”形曲线，同时靶基因通道有“S”形曲线，根据C_t值和标准曲线计算浓度，其中结果为0～200IU/mL的样本判定为“低于试剂盒检出下限（200IU/mL）”，结果大于1×10^8IU/mL的样本，应使用试剂盒中的HBV样本稀释液将样本稀释后重新测定。

思考题

1. 哪些因素可能干扰实时荧光定量 PCR 检测的结果？
2. 本节案例中，如检测发现该生被 HBV 感染，如何判断感染是否由实验室事故造成？

第五节　HBV 感染肝组织免疫组织化学分析

一、实验目的

从由慢性乙肝患者获得的肝穿刺活检病理样本可使用免疫组织化学（immunohistochemistry，IHC）方法检测组织细胞中 HBsAg 等病毒抗原的表达，通常仅用于科研目的。肝穿刺活检病理样本在临床上用于判断肝疾病进展情况。

二、实验原理

IHC 基本原理与 ELISA 相同，均是基于抗原抗体反应：加入的特异性抗体通过与组织切片中的标的抗原结合被捕获，进而加入酶标物与特异性抗体结合，最后加入生色底物检测酶标物的结合。IHC 中使用的生色底物经酶催化形成有色、不溶产物，沉积在标的抗原处，其信号可以反映后者的表达水平和细胞内分布。

三、实验用品

（一）样本

肝穿刺活检病理样本。

（二）仪器设备

石蜡切片机、微波炉、温箱、湿盒、光学显微镜等。

（三）试剂

磷酸盐缓冲液（PBS）、固定液（4%多聚甲醛）、梯度乙醇、二甲苯、石蜡、抗原修复液（柠檬酸盐缓冲液）、羊血清封闭液、二抗（生物素标记的羊抗小鼠 IgG 抗体）、3%过氧化氢、HBsAb、HBcAb、碱性磷酸酶标记的链霉亲和素、苏木素、二氨基联苯胺（DAB）显色剂等。

四、实验方法

（一）实验流程

实验流程如图 5-3 所示。

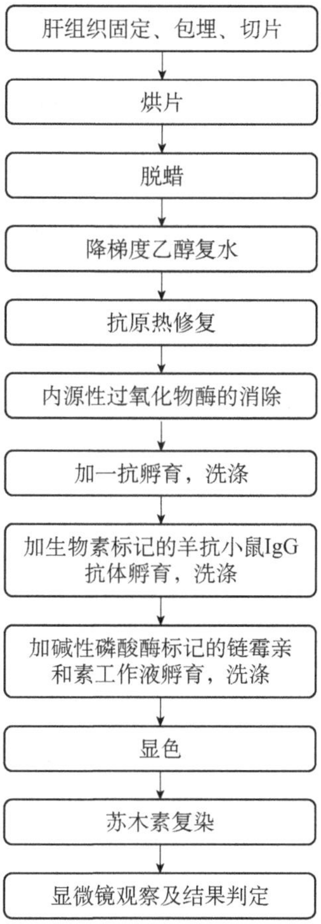

图 5-3　HBV 感染肝组织免疫组化分析的实验流程

（二）实验步骤

1）肝组织经 4%多聚甲醛固定 48h，PBS 漂洗，升梯度乙醇脱水、二甲苯透明、浸蜡、包埋，石蜡切片机设置 5～6μm 切片。

2）烘片：切片置于 60℃ 恒温箱中烘烤 30min。

3）脱蜡：二甲苯脱蜡 2 次，每次 10min。

4）降梯度乙醇复水：100%—100%—95%—95%—90%—80%—70%，每级 5min，入水 5min，PBS 漂洗 3 次，每次 3min。

5）抗原热修复：将一定量的 0.01mol/L 柠檬酸盐缓冲液（pH6.0）微波加热至沸腾，将石蜡切片置于不锈钢切片架上，放入已沸腾的柠檬酸盐缓冲液中，微波炉中高档继续加热

10min，2 次间隔 3～5min（勿让修复液蒸干）。室温冷却 10～20min（勿将切片从修复液中取出），去离子水洗 2 次后，PBS 漂洗 3 次，每次 3min。HBsAg 需要抗原修复，HBcAg 无需抗原修复。

6）内源性过氧化物酶的消除：将切片浸入 3%过氧化氢溶液中，室温放置 20min。PBS 漂洗 3 次，每次 3min。

7）背景封闭：滴加适量羊血清封闭液覆盖切片，置于湿盒内室温孵育 30min，轻轻弃去多余液体（勿洗）。

8）一抗孵育：滴加适量一抗（HBsAg 抗体、HBcAg 抗体或仅抗体工作液），湿盒内 4℃ 孵育过夜，次日室温复温 45min。

9）PBS 冲洗，5min×3 次。

10）加生物素标记的羊抗小鼠 IgG 抗体，37℃ 下湿盒内孵育 10～30min。

11）PBS 冲洗，5min×3 次。

12）加入适量碱性磷酸酶标记后的链霉亲和素工作液，37℃ 下湿盒孵育 10～30min。

13）PBS 冲洗，5min×3 次。

14）显色：DAB 显色剂滴加到切片上，显色 3～15min，自来水冲洗并终止反应。

15）苏木素复染：自来水冲洗返蓝、脱水、透明、封片。

16）在光学显微镜下观察。

设置对照：用 PBS 代替一抗工作液作为阴性对照；用已知的 HBsAg、HBcAg 阳性切片作为阳性对照。

五、实验结果观察与分析

细胞质、细胞膜或细胞核内出现棕黄色或棕褐色者结果记录为染色阳性，否则为阴性。HBsAg 通常可检测到在细胞质和细胞膜表达，HBcAg 通常可检测到在细胞核和细胞质表达。

第六节 HBV 的其他检测方法简介

一、HBV cccDNA 的检测

对于 cccDNA 的检测通常采用基于 cccDNA 特异性引物的核酸扩增方法。由于 cccDNA 特异性引物与 HBV 基因组松弛环状 DNA（relaxed circular DNA，rcDNA）仍然存在一定程度结合，当样品中存在高浓度 rcDNA 时，不能排除其对 cccDNA 检测带来的影响。采用特定的 DNA 提取方法（如 Hirt 法），可在一定程度上减少 rcDNA 的污染。

微滴数字 PCR（droplet digital PCR，ddPCR）是一种绝对定量方法，通过将样本稀释至低于 1 拷贝/微滴，并以微滴为单位进行 PCR 扩增，扩增结束后采集每个微滴中扩增产物生成的荧光信号，最后通过直接计数或利用泊松分布公式计算得到样本的原始浓度或含量。在针对低血清病毒滴度患者的肝内 cccDNA 检测等应用中，ddPCR 具有一定的优势。

滚环扩增是针对组织样本，特别是石蜡包埋切片进行 cccDNA 检测的一种重要方法。由于组织固定剂导致 DNA 的降解及甲基化等原因，石蜡包埋肝组织中的 cccDNA 含量远低于新鲜冷冻保存组织，难以通过普通定量 PCR 检测。通过滚环扩增结合定量 PCR，可以在提高检测灵敏度的同时，减少染色体中整合 HBV DNA 的影响。

二、血清 HBV RNA 定量检测

血清 HBV RNA 水平可反映肝组织 cccDNA 转录活性，与患者接受治疗后的病毒学应答及预后相关。RNA 捕获探针技术通过在磁珠微粒表面偶联 HBV 序列特异性探针，对血液中的 HBV RNA 进行特异性富集，可以得到高纯度 HBV RNA 用于荧光定量 PCR 检测。这一方法无须引入 DNA 酶处理即可获取高纯度 HBV RNA，避免由 DNA 酶处理造成 HBV RNA 损失。

（刘　晶　谢幼华）

第六章　人类免疫缺陷病毒的检测及常用的病毒学研究方法

本章要点

1. 学习人类免疫缺陷病毒（HIV）筛查试验、确证试验、病毒载量检测，以及中和试验的基本原理、实验步骤和操作流程，掌握 HIV 检测方法和相关研究技术，为后续研究和应用奠定基础。
2. 分析不同 HIV 的检测方法，了解其优缺点，深入理解这些方法在 HIV 检测中的实际应用，为选择合适的检测方法提供科学依据。
3. 理解 HIV 分离培养、$CD4^+$ T 淋巴细胞数量检测，以及 HIV 耐药性检测在疾病诊断、治疗及科研中的重要性，认识 HIV 耐药性检测对于制定和调整抗逆转录病毒治疗（anti-retroviral therapy，ART）方案的重要性，从而为临床治疗方案的选择提供更为精准的依据。

本章课件

人类免疫缺陷病毒（human immunodeficiency virus，HIV）主要存在于 HIV 患者或携带者的血液、精液、阴道分泌物、腹水、脑脊液、羊水和乳汁等体液中。艾滋病（AIDS）的传染源是 HIV 无症状感染者及艾滋病患者。

根据联合国艾滋病规划署（Joint United Nations Programme on HIV/AIDS，UNAIDS）统计数据，截至 2020 年底，全球大约有 3770 万 HIV/AIDS 患者，2020 年新发 HIV 感染者超过 150 万。2021 年 6 月 8 日，联合国发布了到 2030 年终结艾滋病流行的政治宣言，承诺将预防作为首要任务。为实现此目标，对 HIV 的有效检测尤为关键。临床上，HIV/AIDS 患者的实验室检查主要包括以下项目。

1）HIV 抗原/抗体检测：是诊断 HIV 感染的金标准，分为筛查试验和确证试验。

2）HIV 核酸定性和定量检测：也用于 HIV 感染诊断。

3）$CD4^+$ T 淋巴细胞计数：用于评估疾病进展和临床治疗。

4）HIV 耐药性检测：为抗逆转录病毒治疗方案的选择和更换提供依据。

HIV 是高致病性病原微生物。根据 2023 年我国最新颁布的《人间传染的病原微生物目录》，对 HIV 检测实验室的生物安全要求见表 6-1。

表 6-1 HIV 检测实验室的生物安全要求

检测内容	生物安全实验室
HIV 抗体检测（包括筛查试验和确证试验）、抗原检测和相关的免疫学检测	生物安全二级实验室（BSL-2）
HIV 分离培养、浓缩、中和试验、细胞培养及其他需要应用 HIV 活病毒的研究工作	生物安全三级实验室（BSL-3）
HIV 核酸提取和检测	生物安全二级实验室（BSL-2）
HIV 病毒株保存	生物安全三级实验室（BSL-3）
HIV 阳性样品，包括全血、血清、血浆和其他组织（液）、核酸提取物	生物安全二级实验室（BSL-2）

第一节 案 例

男，33 岁，未婚。间断头痛 9 个月，伴有低热半个月。患者 9 个月前无明显诱因出现间断头痛、头晕，同时伴有手脚麻木，不伴有恶心呕吐。近半个月开始出现 38℃低热，无咳嗽、咳痰，无腹痛、腹泻。无输血史，无静脉吸毒史，有不洁性行为史。半年前曾患带状疱疹。4 个月前曾患肺炎，治疗 1 个月迁延不愈。家族中无遗传病和传染病病史。

体格检查：体温 38.5℃，呼吸 20 次/min，脉搏 90 次/min，血压 120mmHg/80mmHg（1mmHg≈133.32Pa）。发育正常，营养中等，神志清楚，查体合作，构音障碍。右背部可见片状瘢痕，颈前、颈后及腹股沟可以触及数个肿大的淋巴结，无触痛。头颅无畸形，球结膜无充血和水肿，双侧瞳孔等大等圆，对光发射存在，双耳无异常，口腔内可见白色片状膜性物。颈无抵抗，颈静脉无怒张。胸廓正常，肺呼吸运动正常，语颤正常，双肺呼吸音清，未闻及干湿啰音。腹部平软，无压痛，肝脾肋下未触及，双肾区无叩击痛，肠鸣音正常。肛门及外生殖器正常。脊柱四肢无畸形，肌力正常。生理反射存在，病理反射未引出。

辅助检查：抗 HIV 抗体阳性。省疾控中心确认试验阳性。脑部 CT：左颞叶可见一低密度病灶。$CD4^+$ T 细胞计数 18 个/mm^3。人巨细胞病毒（CMV）IgM 阴性，EB 病毒（EBV）IgM 阴性。脑脊液检查：压力正常，白细胞计数 7×10^6 个/L，以淋巴细胞升高为主。总蛋白 1.22g/L。葡萄糖、氯化物正常。

第二节 样 本 采 集

一、样本来源

用于 HIV 抗体检测：全血、血清、血浆、口腔黏膜渗出液、尿液、干血斑及血液制品原料样本。

用于 HIV 抗原检测：全血、血清、血浆、病毒培养上清液及血液制品。

用于 $CD4^+$和 $CD8^+$ T 淋巴细胞数测定：抗凝全血。

用于 HIV-1 病毒载量、基因亚型和基因型耐药性检测：血浆、干血斑。

用于 HIV 核酸定性与定量、基因型检测和 HIV-1 分离培养：全血、淋巴细胞富集液、外周血单个核细胞（peripheral blood mononuclear cell，PBMC）、血浆及血液制品原料。

二、样本采集步骤

（一）采样前准备

根据检测项目的具体要求，确定采集样本的种类、处理、保存及运输的时限和方法，按照临床采血技术要求操作，遵守生物安全相关要求。采样前应检查所需物品是否已备齐，是否在有效期内，有无破损，是否足量，特别应检查受检者信息与样本容器表面的标记是否一致，并注明样本采集时间及唯一编码。采集血液样本宜选择合适的室内（外）空间，受检者坐（卧）于合适的位置。准备采血用具、皮肤消毒用品、采血管及试管架、硬质废弃物容器等。口腔黏膜渗出液样本应使用试剂盒提供的专用采样工具，尿液样本建议使用可保持尿液稳定的专用采尿管。收集血液制品原料样本时，应详细记录制品的来源、生产日期、批号、使用者等信息。

（二）样本采集和处理

1. 样本的编码和记录　制定样本编码的标准操作规程（SOP），规定样本编码的原则和方法，保证每一份样本具有唯一性编码（编号）。应使用专门的样本记录本或登记表记录样本，同时录入电脑保存。

（1）*血液样本*　采血前，先对试管或滤纸进行标记，核对后编码。要将标签贴在试管的侧面，推荐使用预先印制好的、专门用于冷冻储存的耐低温标签。干血斑滤纸应使用具有资质的产品。

（2）*口腔黏膜渗出液样*　应采集口腔黏膜渗出液，不是唾液。

（3）*尿液样本*　准备好带有唯一性编码的采尿管或者尿杯，并保留唯一编码。

2. 样本的采集

（1）*血液*

1）抗凝全血：消毒局部皮肤，用加有抗凝剂（EDTA 钠盐或钾盐、枸橼酸钠、肝素钠）的真空采血管抽取适量静脉血，或用一次性注射器抽取静脉血，转移至加有抗凝剂的试管中，轻轻颠倒混匀 10～15 次，备用。

2）末梢全血：消毒局部皮肤（成人和 1 岁以上儿童可选择耳垂、中指、无名指或食指，1 岁以下儿童采用足跟部）。用采血针刺破皮肤，用无菌纱布擦掉第一滴血。收集滴出的血液，备用。

3）血浆：根据检测需要，选择含适宜抗凝剂的采血管，按照采血管说明采集静脉血，分离血浆；或将采集的抗凝全血 1500～3000r/min 离心 15min，上层即为血浆，吸出置于合适的容器中，备用。

4）血清：根据检测需要，按照采血管说明采集静脉血，分离血清；或用不含抗凝剂的真空采血管抽取适量静脉血，或用一次性注射器抽取静脉血，转移至无抗凝剂或含促凝剂的试管中放置 1～2h，待血液凝固、血块收缩后再 1500～3000r/min 离心 15min，吸出血清，置于合适的容器中，备用。

5）淋巴细胞富集液：将采集的抗凝全血 1500～3000r/min 离心 15min，吸取血浆层下的淋巴细胞富集液，置于合适的容器中，备用。

6）外周血单个核细胞（PBMC）：使用淋巴细胞分离液，进行密度梯度离心，吸出 PBMC 层，置于合适的容器中，备用。

【小贴士】血液样本采集注意事项

根据检测要求选用适当的抗凝剂，如 $CD4^+$和 $CD8^+$ T 淋巴细胞数测定可选用 EDTA 钾盐或钠盐、枸橼酸钠、肝素钠（如果血液不用于核酸检测）。

HIV-1 分离、核酸定性/定量检测可选用 EDTA 钾盐或钠盐或枸橼酸钠。样本采集后处理、保存、运输的时限和条件，因不同的检测项目而异，应参见相应检测项目要求。

采血完成后的穿刺针头必须丢弃于“尖锐危险品容器”内，妥善处理，防止发生职业暴露。

（2）干血斑　根据需要，可将采集的各种血液样本制备成干血斑，用于检测。最常用的是用抗凝全血、末梢全血和血浆制备干血斑。

1）用移液器从样本管中吸取 100μL 抗凝全血（或血浆），对准滤纸印圈的中心处，将样本滴在滤纸上；或将穿刺后自皮肤伤口流出的末梢全血直接滴加在滤纸印圈的中心处。

2）根据需要，连续在数个印圈上滴加样本。

3）于室温下自然干燥至少 4h（潮湿气候下至少干燥 24h），不要加热或堆叠血斑，勿与其他界面接触。

4）血斑充分干燥后，将其放入密封袋中，每张干血斑单独保存，避免血斑之间的相互污染，同时放入干燥剂及湿度指示卡，密封包装，保存备用。

（3）尿液和口腔黏膜渗出液

1）尿液：按照试剂盒说明书要求采集样本。尿液样本可采集随机尿，女性经期应取中段尿。

2）口腔黏膜渗出液：按照试剂盒说明书要求采集样本。

3. 样本的保存

1）用于抗体和抗原检测的血清或血浆样本，短期（1 周）内进行检测的可存放于 2～8℃，一周以上应存放于−20℃ 以下。

2）用于核酸检测的血浆和血细胞样本，4 天内进行检测的可存放于 2～8℃；3 个月以内应存放于−20℃ 以下；3 个月以上应置于−70℃ 以下保存。

3）口腔黏膜渗出液样本应即刻使用，如需要保存应以产品说明书为准。

4）尿液样本，使用专用采尿管，室温下可保存 2 周；3 个月之内存放宜在 2～8℃；长期保存（3 个月以上）样本的冻存条件、是否添加防腐剂等以产品说明书为准。

5）用于 $CD4^+$ T 淋巴细胞检测的全血样本，室温保存，时间不超过 48h。

6）筛查结果为阳性的样本应及时进行补充试验。筛查结果为阴性的样本，可根据具体需要决定保存时间，建议至少保存 1 个月。艾滋病检测确证实验室收到的筛查阳性样本，无论补充试验结果如何，均应保存剩余样本，保存时间根据需要确定，建议至少保存 3 年，特殊用途或专项项目的样本根据具体要求确定保存时间。补充试验结果为阳性的样本按照国家生物样本管理的有关规定执行。

4. 样本的运送

1）全血、血浆的运送应符合生物安全要求，参照《可感染人类的高致病性病原微生物菌（毒）种或样本运输管理规定》（卫生部令第 45 号）。

2）血液样本运送时应采用三层容器对样本进行包装，随样本应附有与样本唯一性编码相对应的送检单。送检单应标明受检者姓名、样本种类等信息，并应放置在第二层和第三层容器之间。第一层容器：直接装样本，应防渗漏。样本应置于带盖的试管内，试管上应有明显的标记，标明样本的唯一性编码或受检者姓名、种类和采集时间。在试管的周围应垫有缓冲吸水材料，以免碰碎。第二层容器：容纳并保护第一层容器，可以装若干个第一层容器。要求不易破碎、带盖、防渗漏、容器的材料要易于消毒处理。第三层容器：容纳并保护第二层容器的运输用外层包装箱。外面要贴上醒目的标签，注明数量、收样和发件人及联系方式，同时要注明“小心轻放、防止日晒、小心水浸、防止重压、禁止倒立”等字样，还应易于消毒。

3）用于抗体检测的血清和血浆样本应在冻存条件下运送。用于 $CD4^+$和 $CD8^+$ T 淋巴细胞测定的样本应在室温（18～25℃）下运送。用于病毒载量检测的样本应在−20℃以下运输。干血斑和尿液样本应在室温（18～25℃）下运送，可通过邮寄方式运送。血液制品样本的运送按照血液制品有关使用说明执行。

4）运送样本必须有记录。

5. 样本的接收

1）样本包裹必须在具有处理感染性材料条件的实验室内，由经过培训的工作人员打开，打开包裹时应穿戴防护衣，戴手套、口罩和防护眼镜，在生物安全柜中打开，使用后的包裹应及时进行消毒。

2）核对样本与送检单的一致性，检查样本管有无破损和溢漏。如发现溢漏应立即将尚存留的样本移出，消毒样本管和盛器，同时报告实验室负责人和上一级实验室技术人员。

3）检查样本的状况，记录血液样本有无严重溶血、微生物污染、血脂过多及黄疸等情况。记录干血斑和尿液样本包装是否完整，如果污染过重或者不符合接收要求，应将样本安全废弃，并立即将样本情况通知送样人，要求重新采集样本。

4）接收样本时应填写样本接收单。

第三节　HIV 筛查试验（HIV 抗原/抗体检测）

HIV 的检测分为筛查试验和确证试验。筛查试验一般是通过检测患者血液中抗原或抗体来判断有无感染 HIV。

1. HIV 抗原（主要是 HIV-1 p24 抗原）检测目的

1）HIV-1 感染窗口期、HIV-1 抗体不确定或 HIV-1 阳性母亲所生婴儿的鉴别诊断。

2）第四代 HIV 检测试剂（抗体抗原检测试剂）阳性结果的辅助诊断。

3）HIV-1 分离培养、病毒复制状况的监测。

4）HIV 疫苗临床试验受试者 HIV 感染的鉴别诊断。

2. HIV 抗体检测目的　　HIV 抗体检测可用于诊断、血液筛查、监测等。

1）以诊断为目的的检测是为了确定个体 HIV 感染状况，包括临床检测、自愿咨询检测、根据需要进行的体检等。

2）以血液筛查为目的的检测是为了防止输血传播 HIV，包括献血/血浆者筛查和原料血浆筛查。

3）以监测为目的的检测是为了解不同人群 HIV 感染率及其变化趋势，包括各类高危人群、重点人群和一般人群。

3. HIV 抗原/抗体检测要点

1）HIV 抗原/抗体的检测要根据目的选择检测方法及检测策略。

2）严格遵守实验室标准操作规程（SOP），避免样本污染和交叉感染，及时清理实验现场，将废弃物按照医疗废物处理规定进行处理。

3）结果判定以试剂盒说明书为标准。

4）筛查试验呈反应性，需做补充试验；筛查试验无反应，不应做抗体确证试验。

5）对于实验结果异常或不符合预期的样本，应进行复查或重新采样检测，确保结果的准确性。

本节主要介绍几种用于抗原/抗体筛查的试验方法，包括酶联免疫吸附试验、化学发光免疫分析或免疫荧光试验，以及一些新型快速检测试验。

一、酶联免疫吸附试验

酶联免疫吸附试验（ELISA）既可检测 HIV 抗体，也可联合检测 HIV 抗原、抗体（同时检测血液中 HIV-1 p24 抗原和 HIV-1/2 抗体）。

（一）实验目的

用于血液筛查，HIV 感染者的诊断和监测，HIV-1 阳性母亲所生婴儿的筛查与诊断，HIV 分离培养和病毒复制状况的监测。

（二）实验原理

此方法结合了抗原抗体反应的特异性和酶促反应的放大作用。通过将抗原或抗体固定在载体上，再加入样品，样品中的相应抗体或抗原与固定物质结合。接着加入酶标记的抗抗体或特异性抗体形成复合物。酶催化底物产生颜色变化，通过观察颜色的深浅来进行定性或定量分析。ELISA 法具有高敏感性、强特异性，操作简便等优点，适合大批量检测。

（三）实验用品

1. 样本　　现常用的样本类型包括血清、血浆、全血、干血斑、口腔黏膜渗出液和尿液，根据试剂盒说明书选用合适的样本。

2. 仪器设备 酶标仪、移液器、洗板机、孵育箱、计时器、封板膜、纱布等。

3. 试剂 应使用经国家药品监督管理局注册批准、在有效期内的 qPCR 检测试剂盒，以及针对 HIV RNA 的特异性引物和探针、RNA 提取试剂盒等。

（四）实验方法

1）HIV 抗原/抗体包被于固相载体。按说明书要求配制洗涤液备用。

2）加样：分别在相应孔中加入待检样本、阴性对照、阳性对照各 100μL，每板设阴性对照 2 孔、阳性对照 3 孔、空白对照 2 孔。用封板膜封板后置 37℃ 温育 60min。

3）洗涤：小心地把封板膜揭去，用洗板机选择 5 次程序，洗板后在干净纱布上拍干。

4）每孔加酶标记的 HIV 抗原/抗体 100μL（空白对照孔仅加入 PBS），充分混匀，用封板膜封板后置 37℃ 温育 30min。

5）洗涤：同步骤 3）。

6）加底物显色，用酶标仪测定结果。有效试验的阴性对照和阳性对照必须符合试剂盒说明书规定。

（五）实验结果观察与分析

1. 肉眼判定

1）阳性对照孔：显示棕黄色，与阴性对照孔和空白对照孔颜色明显不同。

2）待检血清孔：如果呈现棕黄色，则判定为阳性；如果无色，则判定为阴性。

2. ELISA 测定仪判定

1）校正零点：使用空白对照孔进行零点校正。

2）测量光密度值：在 492nm 波长下，测量各孔的光密度（OD）值。

3）阳性判定标准：如果待检血清孔的 OD 值（P）与阴性对照孔的 OD 值（N）之比大于或等于 2.1，则判定为阳性。

实验结果需满足，阴性对照孔 OD 值≤0.10，阳性对照孔 OD 值≥0.80，否则实验无效。

某些样本（如血清、尿液）可以直接用 ELISA 测定，而其他样本（如粪便和某些分泌物）则需预处理。无论使用何种类型的样本，都应选择新鲜样本进行检测。对于血清样本，需要注意避免严重溶血。

每块微孔板都应同时设立阳性对照孔、阴性对照孔和空白对照孔（即调零孔）。调零孔第一步仅加入包被液，加样和加酶标抗原/抗体时仅加入相应的稀释液，最后与其他检测孔一同加入底物显色。

洗涤是 ELISA 操作中一个关键步骤。

若待测样本 HIV 抗体检测有反应（阳性），需复检，或使用双试剂检测（使用两种抗体检测试剂或一种抗体检测试剂双孔或双份检测，两种试剂可以是原有试剂加另一种试剂，也可以是两种不同试剂）。复检或双试剂检测有反应的样本需要进行补充试验。

二、化学发光免疫分析或免疫荧光试验

化学发光免疫分析或免疫荧光试验（chemiluminescence immunoassay/immunofluorescence assay，CLIA/IFA）采用发光或荧光底物，使用血液（包含血清和血浆）样本，既可检测抗体，也可联合检测抗原、抗体（同时检测血液中 HIV-1 p24 抗原和 HIV-1/2 抗体）。

（一）实验目的

用于血液筛查，HIV 感染者的诊断和监测，HIV-1 阳性母亲所生婴儿的筛查与诊断，HIV 分离培养和病毒复制状况的监测。

（二）实验原理

HIV 抗原/抗体包被于固相载体，加入待检样本和酶或荧光标记的 HIV 抗原/抗体，加化学发光底物或荧光底物，用化学发光分析仪或荧光仪测定结果。有效试验的阴性对照和阳性对照必须符合试剂盒说明书规定。

（三）实验用品

1. 样本　现常用的样本类型包括血清、血浆、全血、干血斑、口腔黏膜渗出液和尿液，根据试剂盒说明书选用合适的样本。

2. 仪器设备　生物安全柜、低温离心机、荧光测定仪或化学发光分析仪、移液器、洗板机、恒温孵育箱、计时器等。

3. 试剂　应使用经国家药品监督管理局注册批准、在有效期内的 HIV 抗原/抗体检测试剂盒等。

（四）实验方法（以 CLIA 为例）

1）样本采集与处理：同 ELISA。

2）试剂准备与选择：选择高质量的 HIV 抗原/抗体化学发光检测试剂盒，确保试剂在有效期内，并按照说明书正确保存。准备所需的试剂，如稀释液、洗涤液、发光底物等，确保数量充足且无污染。

3）实验设备调试：检查化学发光分析仪的性能，确保仪器处于正常工作状态。准备所需的试剂和耗材，确保数量充足且无污染。根据试剂说明书，对仪器进行必要的校准和调试，确保测量结果的准确性。

4）抗原抗体反应：在反应孔中加入适量的样本和 HIV 抗原/抗体，轻轻摇匀，使样本与试剂充分混合。将反应孔放入恒温孵育箱中，设定适当的温度和反应时间，让抗原与抗体充分反应。

5）添加化学发光底物：在抗原抗体反应结束后，向反应孔中加入适量的发光底物溶液。轻轻摇匀，使发光底物与反应体系充分混合，触发化学发光反应。

6）发光信号检测：将反应孔放入化学发光分析仪的检测区域，启动仪器进行检测。仪器会自动记录发光信号的强度和时间，并生成相应的数据报告。

以上实验步骤为化学发光免疫分析测量 HIV 抗原/抗体的基本操作流程，具体实验操作应根据试剂盒的说明书要求进行。在进行实验时，应确保实验条件的一致性，以提高实验结果的可靠性和准确性。

（五）实验结果观察与分析

根据实验数据报告，分析发光信号的强度和时间曲线，判断样本中 HIV 抗原/抗体的含量。结合试剂盒说明书和实验数据，对结果进行解读和判定，确定样本为 HIV 阳性或阴性。

三、快速检测试验

快速检测（rapid test，RT）可使用血液、尿液、口腔黏膜渗出液等类型样本，包括检测抗体和同时检测抗体和抗原，操作简便快速，适用于应急检测、门诊急诊检测、自愿咨询检测（voluntary counseling test，VCT）及检测点等，获得资质的自我检测快速试剂适用于个体自助检测。一般可在 10～30min 内得出结果。

（一）免疫层析试验

以硝酸纤维素膜为载体，HIV 抗原线状固定在膜上，待检样本沿着固相载体迁移，阳性结果在膜上抗原部位显示出有色条带。有效试验的质控带必须显色。反应时间在 30min 以内。抗体/抗原快速检测法是待检样本中的 HIV 抗体、HIV-1 p24 抗原分别与样本垫中的 HIV-1/HIV-2 抗原、HIV-1 p24 单克隆抗体结合形成复合物，在毛细作用下沿着硝酸纤维素膜向上移动，至相关抗体、抗原包被区域后，分别与之结合，形成有色复合物条带。质控带用于检测过程质量控制，肉眼判读检测结果。

（二）明胶颗粒凝集试验

明胶颗粒凝集试验（particle agglutination test，PA）是 HIV 抗体检测的一种简便方法。将 HIV 抗原致敏的明胶颗粒与待检样本作用，当待检样本含有 HIV 抗体时，明胶颗粒与抗体发生凝集反应，根据凝集情况判读结果。PA 试剂有两种：同时检测 HIV-1 和 HIV-2 抗体；分别检测 HIV-1 和 HIV-2 抗体。有效试验的阴性对照和阳性对照需符合试剂盒说明书的规定。

（三）免疫渗滤试验

斑点 ELISA 和斑点免疫胶体金（或胶体硒）快速试验均以硝酸纤维素膜为载体，HIV 抗原点状或线状固定在膜上，加待检样本，利用微孔滤膜的可滤过性，使抗体抗原发生反应。阳性结果在膜上抗原部位显示出有色斑点或条带。反应时间在10min以内。有效试验的质控点必须显色。

第四节 HIV抗体确证试验

一、免疫印迹检测HIV抗体

HIV抗体确证试验需要至少有2条env带出现，或至少1条env带和至少1条gag带或pol带出现，才能判断为HIV抗体阳性。

（一）实验目的

运用免疫印迹进行HIV抗体确认，为确诊HIV感染提供关键依据。

（二）实验原理

免疫印迹（Western blot）是一种用于检测特定蛋白质的分子生物学技术。该技术首先通过聚丙烯酰胺凝胶电泳（PAGE）将蛋白质分离，可分为native-PAGE（基于蛋白质原生态形态的电泳）和SDS-PAGE（使用SDS处理蛋白质，使其电泳迁移率仅与分子量大小有关）。随后，电泳后的蛋白质被转移到固相膜上，与特定抗体结合，然后通过显色反应显示出特定的蛋白质条带。

（三）实验用品

1. 样本 初筛试验有反应且经复检后依旧有反应，需要做抗体确证的样本。

2. 仪器设备 蛋白质电泳仪、转膜仪、硝酸纤维素（NC）膜或聚偏二氟乙烯（PVDF）膜、杂交仪、制冷型电荷耦合器件或X光胶片（X-film）、移液器等。

3. 试剂 应使用经国家药品监督管理局注册批准、在有效期内的HIV抗体确证试验试剂盒等。

（四）实验方法

1）提取样品组织或细胞蛋白。

2）蛋白质质检、定量、变性。

3）SDS-PAGE。

4）转膜。

5）封闭。

6）一抗（抗HIV-1/HIV-2特异性抗体）、二抗（抗人-IgG酶结合物）孵育。

7）增强型化学发光（ECL）检测。

（五）实验结果观察与分析

1. 使用 X-film 进行曝光

1）在暗室操作中，将膜置于胶片上进行曝光。曝光后，胶片上会在特定位置显示出目标蛋白的条带。

2）使用蛋白质分子量标准（Marker）对比，确定目标条带的大小和位置。

2. 使用制冷型电荷耦合器件扫描 NC 膜 通过对 NC 膜直接使用制冷型电荷耦合器件扫描，可以直观地观察到目标条带及 Marker。这种方法提供了一种快速、清晰的方式来检测和记录 Western blot 实验的结果。

【小贴士】操作时戴手套；确保凝胶和 NC 膜之间无气泡；一抗和二抗的稀释比例需要精确控制[稀释过多可能导致目标蛋白条带检测不到，而稀释不足则可能造成条带周围的背景显得过于浓重；在一抗的稀释液中加入 3mmol/L（0.02%）叠氮化钠可以使其在 4℃ 下重复使用数次，但不能在辣根过氧化物酶（HRP）偶联的二抗中加入叠氮化钠，因为它会灭活 HRP]；增加洗膜时间或提高洗膜缓冲液更换次数有助于减少背景噪声；使用抗体去除液可以在不损害抗原蛋白的情况下，从膜上清除已结合的抗体。随后，该膜可以用其他抗体进行再次检测；对于小分子蛋白（小于 14kDa），建议使用孔径为 0.22μm 或者 0.1μm 的 NC 膜，以获得更好的转印效果。

二、重组/线性免疫印迹

重组/线性免疫印迹（recombination immunoblot assay/line immunoassay，RIBA/LIA）可使用血清、血浆和干血斑样本，采用间接法检测样本中的 HIV-1/HIV-2 特异性抗体。试剂盒的膜条上包被有 HIV-1/HIV-2 不同的重组抗原或合成多肽抗原，加入待测样本后，其中的相应抗体与抗原发生特异性的免疫反应，随后加入酶标记抗人 IgG（碱性磷酸酶标记）与 HIV 特异性 IgG 抗体相结合，加入显色底物后，在碱性磷酸酶的催化下，特异性抗体的结合部位出现肉眼可见的条带，按照试剂盒说明书判定标准，判断待测样本为 HIV 抗体阳性、阴性或不确定。

第五节 HIV 病毒载量的检测

HIV 核酸检测可用于 HIV 感染诊断，同 HIV 抗体确证实验一样，作为确诊 HIV 感染的补充实验，也可用于血液筛查、病程评估及抗病毒治疗效果监测。病毒载量测定是衡量 HIV 存在和复制水平的重要手段，通常采用血浆样本进行检测。在此过程中，样本的抗凝处理对检测结果有显著影响：乙二胺四乙酸（EDTA）是常用的抗凝剂，在 HIV 病毒载量测定中广泛使用。使用酸性枸橼酸盐-葡萄糖溶液（ACD）作为抗凝剂的样本，其 HIV 病毒载量的测定结果通常比使用 EDTA 的样本低约 15%。因此，在解读使用 ACD 抗凝样本的测定结果时需要考虑这一差异。肝素是 PCR 反应的潜在抑制剂。使用肝素处理过的血浆样本中，病毒颗粒的降解速率显著高于使用 EDTA 或 ACD 处理的血浆。因此，在进行 HIV 病毒载量测定时，应避免使用肝素作为抗凝剂。

一、分支 DNA 杂交技术检测 HIV 病毒载量

（一）实验目的

利用分支 DNA 杂交（bDNA）技术测定 HIV 的病毒载量。

（二）实验原理

bDNA 技术是一种用于定量检测病毒 RNA 的方法。此技术与基于 PCR 扩增的方法不同，主要通过信号放大来增强检测的灵敏度和准确性。bDNA 技术基于固相杂交原理，核心是分支 DNA 信号放大系统，该系统由特制的分支 DNA 组成，其分支能够结合多个酶标记物，从而在目标核酸不扩增的情况下显著增强检测信号。这种系统避免了核酸扩增，减少 PCR 引起的误差。此外，实验中不使用内标记物，而是通过与一系列外部标准比较样品反应强度，准确地测定样品中的病毒拷贝数。该方法的优势在于其高度专一性和较低的交叉反应风险。

（三）实验用品

1. 样本　　全血、干血斑或组织细胞。

2. 仪器设备　　生物安全柜、移液器、低温离心机（配套离心管）、荧光定量 PCR 仪、病毒载量检测仪及配套分析软件等。

3. 试剂　　经国家药品监督管理局注册批准、在有效期内的 HIV-bDNA 检测试剂盒等。

（四）实验方法

bDNA 检测通常包括以下步骤。

1）将患者血清或血浆连同含有特异的合成寡聚核苷酸靶探针的裂解液加入微孔中。

2）孵育，此步骤可释放病毒核酸，降解 RNA 酶或使 DNA 变性，然后靶探针结合到靶 RNA 或 DNA 并固定在固相板上。

3）冷却洗板。

4）加信号放大探针（bDNA）到各孔内。

5）孵育，此步骤使 bDNA 杂交到靶探针的相应部位。

6）冷却洗板。

7）加酶标记探针到各孔内。

8）孵育，此步骤使酶标记的探针杂交到 bDNA 上。

9）冷却洗板。

10）加化学发光底物到各孔中。

11）孵育，此步骤让酶和底物相互作用，产生化学发光信号。发射的光强以相对光量值（relative light unit，RLU）表示。产生的光强直接与各样品中病毒 RNA 或 DNA 的载量成正比。

（五）实验结果观察与分析

发射的光强以相对光量值（RLU）表示，与样品中的病毒 RNA 或 DNA 载量成正比，可使用标准曲线（与标准样品一同处理）来计算样品中病毒核酸的含量。

试剂未充分预热或混匀、孔内样液蒸发或溅洒、光泄露等情况，均可能导致变异系数（coefficient of variation，CV）偏高，影响实验结果。孵育时间或温度不准确，或检测板冷却不足，可能会导致 RLU 偏低。光泄露可能导致 RLU 高。

二、核酸序列依赖性扩增技术检测 HIV 病毒载量

（一）实验目的

使用核酸序列依赖性扩增（nucleic acid sequence-based amplification，NASBA）技术测定 HIV 的病毒载量。

（二）实验原理

NASBA 技术是一种在恒温条件下进行的核酸扩增方法。该技术以一种特殊的混合酶系统为基础，包括逆转录酶 AMV-RT 和 T7-DNA 聚合酶。这些酶在体外模拟逆转录病毒的自然复制过程。

（三）实验用品

1. 样本　全血、干血斑或组织细胞。

2. 仪器设备　生物安全柜、移液器、低温离心机、荧光定量 PCR 仪器及配套分析软件、NASBA QR 电化学发光（electrochemical luminescence，ECL）系统等。

3. 试剂　应使用经国家药品监督管理局注册批准、在有效期内的 HIV 病毒载量 NASBA 测定试剂盒，引物等。

（四）实验方法

此方法可分成四个步骤：核酸释放、提取、扩增和测定。扩增后的产物使用 NASBA QR 电化学发光（ECL）系统进行检测和定量，此系统包括亲和素标记的磁珠、生物素标记的核苷酸片段（此片段可与新合成的 RNA 产物的一端互补结合）及可特异与 4 种产物结合的探针（探针上标记有铷元素），这 4 种探针可分别与不同的 RNA 产物结合。将 4 种探针分别置于不同的反应管内，在适当的条件下（41℃）几种成分将结合在一起，形成复合体。这些复合体可在 ECL 读数仪中被分别读取铷元素的激发信号，根据野生型病毒核酸测定值与其他

三个内标物测定值的比较可得到野生型病毒的拷贝数。

1. 靶标 RNA 捕获　通过使用与靶标 RNA 互补的捕获探针，特异性地捕获靶标 RNA。捕获探针与靶标 RNA 杂交，从而将其从复杂的样本中分离出来。

2. 将捕获的 RNA 逆转录成 cDNA　逆转录引物通常与捕获探针的一部分互补，以确保其可以与靶标 RNA 和捕获探针形成的杂交体杂交。

3. RNA 酶 H 降解　在逆转录完成后，使用 RNA 酶 H 降解 RNA 模板，留下 cDNA 作为扩增的模板。这一步是为了确保接下来的扩增只发生在 cDNA 上，而不是原始 RNA 上。

4. DNA 合成　在 RNA 酶 H 降解之后，使用 RNA 聚合酶和一对引物进行 DNA 合成。这些引物与 cDNA 的两端互补，从而允许 RNA 聚合酶从两端同时合成新的 RNA 链。

5. 热变性　在 DNA 合成之后，通过热变性步骤将 RNA-DNA 杂交体解离，释放出新的 RNA 链，作为模板进行下一轮的逆转录和 DNA 合成。这个过程是循环进行的，每次循环都会使 RNA 的数量翻倍。

6. 扩增　通过多次循环扩增热变性，产生大量的 RNA 拷贝。

7. 观测结果　常用的方法包括凝胶电泳、实时荧光检测等。

（五）实验结果观察与分析

通过在 ECL 读数仪中测量铷元素的激发信号，可以确定野生型病毒的拷贝数。这是通过比较野生型病毒核酸测定值与其他三个内标物测定值来实现的。

若样本中因缓慢解冻导致细胞裂解，释放出特殊物质，需要通过离心使上清液变清；样本中含有的 DNA 量不应超过相当于 10^6 个细胞的量，如核酸水平过高，可能导致硅胶难以重新悬浮，甚至产生无效结果；洗涤/洗脱效率低会影响实验的敏感度。

三、实时荧光定量 PCR 检测 HIV 病毒载量

（一）实验目的

利用实时荧光定量 PCR（qPCR）测定 HIV 的病毒载量。

（二）实验原理

经过逆转录酶的作用将样品中 RNA 逆转录为 cDNA 后，进行 qPCR。qPCR 技术是一种在 PCR 反应过程中实时监测和量化 DNA 的方法。它通过使用荧光染料或特异性的荧光标记探针来标记 PCR 产物，结合实时软件分析，实现对反应过程的监控，并从而计算出待测样品中模板的初始浓度。

（三）实验用品

1. 样本　全血、血清、干血斑或组织细胞。

2. 仪器设备　生物安全柜、移液器、qPCR 反应管、低温离心机、冰箱、荧光定量

PCR 仪及配套分析软件等。

3. 试剂 经国家注册批准、在有效期内的 qPCR 检测试剂盒，针对 HIV 病毒 RNA 的特异性引物和探针，RNA 提取试剂盒。

（四）实验方法

1）样本采集与处理：采集 HIV 感染者的静脉血，通常使用 EDTA 抗凝管。将全血在室温下离心，分离血浆。

2）提取血浆中的病毒 RNA。

3）使用 RNA 纯化试剂去除样本中的杂质和残留物。

4）针对 HIV 病毒基因组设计的特异性 qPCR 引物和探针。引物和探针需经过生物信息学分析，确保其特异性，避免非特异性扩增。

5）根据所使用的 qPCR 试剂盒说明，配制反应体系。体系中应包括 PCR 酶、dNTPs、反应缓冲液、引物、探针及 RNA 模板。

6）将配制好的反应体系加入 qPCR 反应管中，设置荧光定量 PCR 仪各种参数，包括退火温度、延伸时间、循环次数等。

7）运行 qPCR 程序，实时监测荧光信号的变化。

（五）实验结果观察与分析

循环数与样品载量呈线性关系。利用标准品制作循环数与载量的标准曲线就能对样品载量进行定量检测。

1）测定拷贝数在 10^2～10^6 拷贝/mL 范围内：直接报告相应的测定结果。

2）测定拷贝数低于 10^2 拷贝/mL：仅供参考，报告上须注明“$<10^2$ 拷贝/mL”或“低于试剂盒检测下限”。

3）测定拷贝数高于或等于 10^6 拷贝/mL：仅供参考，报告上须注明“$\geqslant 10^6$ 拷贝/mL”。如需进一步精确测量，可根据初次测量结果对样本进行倍比稀释后重新测定。如果稀释后结果仍然 $\geqslant 10^6$ 拷贝/mL，可考虑以 1∶1000 的比例再次稀释后进行测试。

【小贴士】 工作标准品的标准曲线相关系数（r）的绝对值必须大于或等于 0.95（$|r|\geqslant 0.95$）；阴性对照品的结果必须为阴性，即低于检测下限；阳性对照品的结果应在其预期的拷贝数范围内。

第六节 HIV 中和试验

（一）实验目的

利用 HIV 的病毒中和试验定性和定量检测 HIV 中和抗体。

（二）实验原理

特异性抗体可以结合 HIV 病毒表面蛋白的特定表位，从而有效地中和病毒，防止其感染敏感细胞。这种中和作用不仅是抗体覆盖病毒颗粒，还包括干预病毒在多个阶段的感染过程，如吸附和侵入之后的任何阶段。

（三）实验用品

1. 样本　目标抗体（待测样品）。

2. 仪器设备　酶标仪或荧光显微镜、微量滴定板、培养箱、移液器、离心机、洗板机等。

3. 试剂　HIV 病毒株、敏感细胞系（$CD4^{+}$ T 细胞系，如 H9、MT4 或 C8166 细胞；或转染了 *CD4* 基因的 HeLa 细胞）、细胞培养基（无血清或含胎牛血清的 RPMI1640 培养基或 DMEM 培养基）、抗体稀释液等。

（四）实验方法

1. 定性中和试验

（1）准备病毒　用于中和试验的病毒是 1 份 HIV 感染的 T 细胞和 4 份未感染的 T 细胞的混合。病毒感染的细胞和未感染的细胞共培养 48h，1500r/min 离心 5min。0.45μm 孔径滤器过滤。病毒的效价测定采用十倍稀释法，在微量滴定板上，向 2×10^5 个/100μL 细胞中加 50μL 不同稀释度的病毒。37℃ 培养 7d，每个稀释度至少平行 8 个复孔。超滤可减少病毒颗粒的聚集。以合胞体的出现作为判断终点的指标。半数组织细胞感染量（$TCID_{50}$）采用 Karber 公式计算：

$lgTCID_{50}$=lg（100%细胞出现 CPE 的病毒最高稀释度）−lg（稀释系数）×（每个稀释度阳性孔比率的总和−0.5）。

（2）中和反应　血清需先在 56℃ 灭活 1h，消除非特异性抑制。系列稀释血清 10μL 与 40μL 1000 $TCID_{50}$ 的病毒液 37℃ 作用 1h。50μL 的混合液加到每孔 2×10^5 个/100μL 的敏感细胞中，37℃、5% CO_2 的培养箱中培养。病毒与血清的混合液可以去除，也可不去除。去除混合液需在细胞贴壁后。依据病毒复制的周期长短，孵育一定的时间，病毒感染细胞通过致细胞病变效应（CPE）来观察。如果实验选择的细胞是病毒感染形成的合胞体（多核巨细胞），可通过观察合胞体形成的进展作为感染的指标。能够抑制合胞体出现的血清最高稀释度可作为中和抗体的效价（半定量），也有以减少 80%的合胞体的血清稀释度作为中和抗体的效价（半定量）。

2. 定量中和试验

（1）准备病毒　步骤与上述定性中和试验相同。

（2）中和反应　步骤与上述定性中和试验相同。

贴壁细胞：提前一天在 35mm 孔径的微量滴定板中铺 5×10^4 个转染了 *CD4* 基因的 HeLa 细胞。

悬浮细胞：微量滴定板用 50μg/mL 多聚赖氨酸室温处理 1h，然后用蒸馏水洗 3 次，晾干后使用。MT4 细胞或者 C8166 需要用无血清的培养基洗 3 次，然后重悬，最终密度为（1～2）$\times10^6$/mL，室温贴壁 20min，去除未贴壁的细胞。

（3）病毒感染和铺琼脂层　病毒或病毒-血清混合液 500μL，37℃ 吸附 1h。用 RPMI 1640 培养基冲洗微量滴定板，弃去未吸附的病毒，小心地加上 1mL 含 0.9%琼脂和 20% FBS 的 RPMI1640 培养基，继续 37℃ 培养 3d 后，铺含 0.000 32%中性红的第二层琼脂。

（4）观察并记录噬斑　中和效价是（相对病毒对照）减少 90%噬斑的血清最高稀释度。

（五）实验结果观察与分析

如果通过观察合胞体的形成来评估感染，衡量中和抗体效价的依据是抑制合胞体形成的血清稀释度，或血清减少 80%合胞体形成的能力；如果通过观察噬斑数来评估感染，中和效价是（相对病毒对照）减少 90%噬斑的血清最高稀释度。

【小贴士】合胞体的形成时间与病毒剂量、毒株类型及使用的细胞系有关，某些 HIV 分离株在感染敏感细胞后可能不形成合胞体，此时需借助其他指标来评估病毒感染；实验在液体介质中进行，可能观察到的合胞体不仅仅是由单一病毒克隆引起。

第七节　HIV 的其他病毒学研究方法

一、HIV 的分离培养

HIV 分离培养通常采用外周血单个核细胞（PBMC）共培养法。优选样本为新鲜抗凝全血，但血浆、精液及其他体液也可使用。培养成功的关键指标是连续两次测定的 p24 抗原或逆转录酶呈阳性反应。同时，若观察到 p24 抗原含量或逆转录酶活性的增加，或出现 HIV 特征性细胞病变，并且经过 HIV 基因序列鉴定确认，便可判定为 HIV 分离阳性。这一结果是确诊 HIV 感染的重要依据。

此外，如果培养上清液中的 p24 抗原或逆转录酶始终呈阴性反应，则判定为 HIV 分离培养阴性。然而，需要特别注意的是，分离培养阴性并不能排除 HIV 感染的可能性。这是因为病毒载量低或其他实验条件不理想等因素可能影响培养结果。

二、$CD4^+$ T 淋巴细胞数量检测

$CD4^+$ T 淋巴细胞作为 HIV 感染的主要靶细胞，在 HIV 感染后会逐渐减少。这种减少导致 $CD4^+/CD8^+$ T 淋巴细胞比值倒置，并伴随细胞免疫功能的损害。$CD4^+$ T 淋巴细胞计数是评估患者免疫状态、病程进展、确定疾病分期、判断治疗效果及监测 HIV 感染者并发症的重要指标。

$CD4^+$ T 淋巴细胞数量的检测通常采用流式细胞仪。报告中的 $CD4^+$ T 淋巴细胞应指 $CD3^+CD4^+$或 $CD3^+CD45^+CD4^+$阳性细胞。$CD4^+$ T 淋巴细胞百分比则表示 $CD4^+$ T 淋巴细胞在总淋巴细胞中的比例。

检测频率方面，以下是通常的建议。

1）治疗前：进行一次检测。

2）治疗开始后 3 个月：再次检测。

3）治疗后 2 年内：每 3～6 个月检测一次。

4）治疗 2 年后，若病毒得到充分抑制且 $CD4^+$ T 淋巴细胞计数稳定在 300～500 个/μL，则建议每 12 个月检测一次；$CD4^+$ T 淋巴细胞计数超过 500 个/μL 的患者，可根据医生建议选择性进行检测；若病毒载量超过 200 拷贝/mL，建议每 3～6 个月检测一次。

三、HIV 耐药性检测

（一）HIV 耐药性检测概述

HIV 耐药性检测对于制定和调整 ART 方案至关重要。常用的耐药性检测方法包括基因型检测和表型检测。需要明确的是，耐药性检测结果为阴性意味着在检测样本中未发现耐药性，但这并不排除患者体内存在耐药 HIV 的可能性。

（二）HIV 表型耐药性检测

表型耐药性检测是通过体外药敏测试直接评价 HIV 在不同药物浓度下的复制能力。其结果一般以半数抑制浓度（half maximal inhibitory concentration，IC_{50}）表示，并将其与野生型病毒的 IC_{50} 或临界值（cut-off value，CoV）进行比较，以此来评估耐药程度。在标准的表型耐药性检测中，所检测的病毒通常来自患者的 PBMC 分离培养，而非直接来自患者的血浆。一般来说，PBMC DNA 中的 HIV 耐药突变出现较晚，但最新研究显示，血浆 HIV RNA 和 PBMC 培养所得病毒中的耐药突变有很好的一致性。

（三）HIV 基因型耐药性检测

相比于表型检测，基因型检测成本更低，结果返回更快，且对检测野生型和耐药病毒混合物的灵敏度更高。基因型耐药性检测通过分析与耐药性相关的基因序列变异来判断病毒株的耐药情况。这种检测可通过多种方法进行，包括 Sanger 测序、等位基因特异性多重（multiplex allele specific，MAS）检测等。

建议在以下情况进行 HIV 基因型耐药性检测。①ART 治疗前、治疗后病毒载量下降不理想需要改变治疗方案时。②对于 ART 治疗失败的患者，应在未停用抗病毒药物时进行耐药性检测；如果已停药，则需在停药后 4 周内进行耐药性检测。

四、HIV 储存库的检测

HIV 能够整合进宿主细胞的基因组，形成病毒储存库，这是 HIV 感染难以根治的主要原因之一。准确地测量感染者体内的病毒储存库大小对于评估治疗方案的有效性及判断感染者是否实现功能性治愈至关重要。

目前，病毒储存库的检测方法主要分为两大类：体外诱导前病毒表达分析和基于 PCR 的直接前病毒基因组测量。

1）体外诱导前病毒表达分析：此方法能够测量完整的病毒储存库，并有效排除非整合性和存在缺陷的病毒储存库。测量结果通常反映了临床上需要清除的病毒储存库的最低水平。

2）基于 PCR 的直接前病毒基因组测量：这是一种敏感且快速的检测方法，但它无法区分具有复制功能缺陷的病毒储存库，可能导致对病毒储存库大小的高估。

五、临床其他检测方法

（一）干血斑样本在 HIV 检测中的应用

干血斑样本（dried blood spot sample，DBS）因其在多种生物标志物或标志物分析中的稳定性和长期存储优势，正受到国内外越来越多专家学者的关注。作为传统静脉采血的创新替代方法，DBS 展现出了显著的优势，使其成为 HIV 感染诊断的一种潜在理想选择。

在 HIV 分子生物学检测中，利用 DBS 进行 HIV RNA 和 HIV DNA 的检测表现出以下特性：敏感性范围为 63.9%～100%，特异性则为 63.6%～100%。与传统样本相比，一致性系数（Kappa 值）介于 0.52～0.98，相关性（*r* 值）较高，介于 0.66～0.98。

在 HIV 血清学检测方面，使用 DBS 时的表现为：敏感性为 98.3%～100%，特异性为 99.7%～100%，与传统样本比较的一致性分析中，Kappa 值可达 1.00，相关性分析显示 *r* 值为 0.82～0.92。

由此可见，DBS 在 HIV 分子生物学和血清学检测中的表现被认为基本满足实际应用的要求。

（二）HIV 自我检测

HIV 自我检测（HIV self-testing，HST）是一种全球性的推广策略，旨在扩大 HIV 检测的覆盖范围。这种检测方式具有以下多项优势。

1. 提高检测率　更广泛地覆盖不同群体，发现更多 HIV 感染者。

2. 私密性　允许个人在更私密和方便的环境中进行检测，使用口腔分泌物、尿液或血液样本。

3. 快速结果　通常在 30min 内就可以得到检测结果。

4. 高危行为干预　可以促进对高风险行为的及时干预。

5. 社会经济效益　成本较低，特别适合在经济不发达的国家或中低收入地区推广应用。

因此，HST 不仅提高了检测的便利性和可接受性，还在全球范围内促进了 HIV 感染的早期诊断和治疗。

思考题

1. 检测 HIV 抗原/抗体时，样本采集有哪些注意事项？
2. 简述诊断 HIV 感染的常用检测方法。

（朱　帆　李冬青）

第七章　轮状病毒的检测及常用的病毒学研究方法

本章要点

1. 理解并应用轮状病毒的常用检测方法，包括核酸检测、分型方法。
2. 学会设计暴发性腹泻疫情的防控方案。
3. 熟悉轮状病毒相关的电镜检测和免疫学检测方法。

本章课件

轮状病毒（rotavirus，RV）是引起人类、哺乳动物和鸟类腹泻的重要病原体，其引起的婴幼儿腹泻是5岁以下儿童营养不良的主要原因，也是婴幼儿死亡的主要原因。婴幼儿腹泻是一组以大便次数增多和大便形状改变为特点的儿科常见病。其临床表现主要是腹泻和呕吐，严重病例伴有脱水、电解质和酸碱平衡紊乱。寒冷季节的婴幼儿腹泻80%由病毒感染引起，轮状病毒是其中的常见病毒。及时检测导致小儿腹泻的病原体对指导治疗具有重要意义。

拓展阅读

轮状病毒具有双层衣壳，无包膜，负染色后在电镜下呈车轮状，其基因组是分节段的RNA。轮状病毒分为A～G组，其中A组轮状病毒是世界范围内婴幼儿、儿童急性胃肠炎（acute gastroenteritis，AGE）最主要的病因，B组轮状病毒是成人的轮状病毒基因型。目前，实验室检测主要利用ELISA、免疫电镜及RT-PCR等技术对病原体及其组别进行检测。临床治疗轮状病毒感染无特效药，主要针对腹泻引起的脱水和电解质紊乱等进行对症治疗。接种疫苗是预防轮状病毒感染最有效的手段。针对轮状病毒防控与检测的生物安全措施包括：针对早期发现病例，采取隔离措施，防止交叉感染发生；对物品进行定期消毒处理；做好个人防护，戴好口罩，洗手。

轮状病毒属于第三类病原体，其采样、病原学检测等环节均需要主要生物安全防护。检测轮状病毒样本，对轮状病毒进行分离培养需要在二级生物安全实验室（BSL-2）中进行。工作人员需要进行必要的手套、口罩等防护，以及手部清洁与消毒等处理措施。对所用物品及环境进行消毒与灭菌处理。

本章将从案例分析、样本采集、核酸扩增、分型、ELISA等相关实验技术入手阐述轮状病毒的检测及病毒研究方法。

第一节 案 例

一、案例概述

冬季北方，3 岁，男童，出现发热、呕吐，2d 后出现腹泻，伴有腹胀和肠鸣音，大便呈浅绿色、水样、蛋花汤样，便中无脓血、无腥臭，一天腹泻十余次，腹泻量大。患儿呈现虚弱，没有食欲。门诊查粪便常规未见异常，给予“蒙脱石散、口服补液盐”等治疗。继续治疗后，腹泻症状无明显改善。3d 后家人送患儿就诊，接诊医生查体后发现，患儿有心跳加快、精神差及嘴唇发干等体征。血常规显示白细胞计数 5.7×10^9/L、中性粒细胞比例 57.2%、淋巴细胞比例 37.2%，便常规显示黄色稀水样便，脓细胞 0～2/HP（视野），红细胞 0/HP。复查轮状病毒阳性，血生化检查显示存在电解质紊乱和酸中毒，故收入院进一步诊疗。病程中患儿无抽搐，无寒战，精神欠佳，无嗜睡，无昏迷，无咳嗽气喘，无哭闹不安，睡眠可，尿量少。该患儿既往史中，预防接种按计划进行。入院后查体发现：发育正常，神志清楚，精神稍萎靡，营养良好，无全身中毒症状，呼吸规律，面色正常，口唇干燥，失水貌，无贫血表现。心率 120 次/min。腹壁柔软，无压痛，无反跳痛。肠鸣音 7 次/min。皮肤色泽正常，弹性稍差，无水肿。浅表淋巴结未触及肿大。神经系统检查无异常。

家族史：父母体健，无家族性遗传病和传染病史。

入院后进行了静脉输液等对症治疗，纠正脱水、电解质紊乱，一周后，患儿逐步康复出院。

问题：该腹泻患者感染了什么病原体？如何制定病原体的分离与鉴定方案？涉及哪些实验技术？

二、需要解决的问题

1）结合已学过的知识，总结可以引起急性腹泻的常见病原体，提出病原体的分离与鉴定方案。

2）掌握样本采集的原则。

3）设计防控方案，将有效防控暴发性腹泻疫情的知识应用到日常工作实践中。

第二节 样本采集

一、采集对象

住院时间≥24h，年龄≤59 月龄，因腹泻住院及住院期间有腹泻症状（注：腹泻定义为每日排便 3 次或 3 次以上，且有大便性状改变，如呈稀便、水样便等），排除药物引起腹泻的患儿。

二、采样人员基本要求

从事样本采集的技术人员应当经过生物安全和实验室检测技术培训，熟练掌握样本采集方法和操作流程，考核合格后方可上岗。采样时，应做好样本信息记录，严格遵守操作流程，确保样本质量符合要求、样本及相关信息可追溯。

三、样本采集基本要求

（一）采集要求

粪便样本中一般含病毒量少，取 5～10g 粪便放于样本小瓶中。将样本快速送到实验室检查，需低温保存以防止样本干燥、杂菌增殖。如果保存时间短，可于 4℃ 冷藏，尽量避免冻融多次使病毒感染活力下降。样本保存液要在细胞培养液中加 0.5%牛血清或 2%胎牛血清，加青链霉素（双抗）以防止杂菌生长。

（二）采集操作

称取便 2g 加 Hank’s 液 10mL 制成 20%悬液，3000r/min 离心 30min，取上清液 4～5mL，放入盛有活性炭 200～250mg 的试管中，混匀后置 4℃ 下 1h；3000r/min 离心 30min，取上清液加抗生素，使每毫升含 10 000U 青霉素和 100μg 链霉素，再置 4℃下 4h，接种肉汤检菌，如有细菌生长，再用双抗处理一次，处理好的样本接种检查或低温保存。

（三）传染源追踪与病原体的防控

采集病例粪便和呕吐物样本进行病原体的检测，以明确病原学诊断。对病例进行及时治疗，对病例密切接触者进行医学观察。对病例的呕吐物、排泄物、医疗废物和其他污染物品进行消毒处理。同时，开展病例的流行病学分析，明确感染来源和传播方式，追查传染源。

（四）样本的保存

样本采集后最好在 2h 内转运，小量样本应于采集后 15～30min 内转运。样本在 4℃ 短期储存，不能超过 3d。如果近期不进行检测，应直接在−20℃ 或−80℃ 下长期储存，并避免反复冻融。

四、采集样本种类

根据临床检测需要可留取粪便样本、呕吐物样本、血清样本和唾液样本。粪便样本、呕吐物样本应在发病的 3d 内或患者入院 24h 内采集；暴发样本应在发病 2d 内采集。每份样本采集 5～10g 或 5～10mL 以上，直接放置于清洁、无菌、干燥的容器内，如带螺帽盖的塑料或玻璃广口容器。避免使用拭子采集。将样本放置在−20℃保存。血清样本采集时，急性期样本在发病后 4d 内采集，恢复期样本在发病后 14～28d 采集，最短间隔不少于 10d。采集 3～5mL 血液，加入带密封盖的灭菌干净试管中（不加防腐剂和抗凝剂）。4℃保存过夜，经 3000r/min 离心 15～30min 后，取上清液约 2mL。唾液样本采集没有时间限制，可以用灭菌平皿或广口容器留取 1～3mL，或用棉拭子蘸两颊黏膜及舌底擦拭留取。

第三节 轮状病毒核酸检测

由于轮状病毒基因组是分节段的双链 RNA，逆转录聚合酶链反应（RT-PCR）扩增后可以用聚丙烯酰胺凝胶电泳（PAGE）检测轮状病毒感染，通过判定在凝胶上的位置对不同组的轮状病毒进行区分。此外，还可以直接扩增特异性核酸序列，以快速检测轮状病毒，并区分组别和型别。

一、实验目的

采用 RT-PCR 技术对提取的核酸样本进行检测，鉴定轮状病毒及其组别和型别，为轮状病毒的诊断和防控提供依据。

二、实验原理

利用 RT-PCR 技术，在体外将 RNA 逆转录为 cDNA 后大量扩增。该操作方法简单，在短时间内大量扩增目的 DNA 片段，从而检测样本中是否含有待检特异性基因。

三、实验用品

（一）样本

粪便。

（二）仪器设备

生物安全柜、冷冻微量离心机、涡旋仪、微量分光光度计、PCR 仪、核酸电泳仪、凝胶成像系统、高压蒸汽灭菌器、PCR 管或 96 孔板、移液器等。

（三）试剂与引物

1. 试剂　Trizol、10% SDS、氯仿、异丙醇、75%乙醇、逆转录酶、琼脂糖、核酸染料、1×TAE 电泳缓冲液、DEPC 处理过的 ddH_2O、ddH_2O、dNTP 混合液、10×PCR 反应缓冲

液、DNA 聚合酶、DNA 分子量标准、电泳上样缓冲液、PBS 等。

2. 引物　参考标准 A 组轮状病毒第 9 基因序列保守区设计特异性引物（表 7-1）。

表 7-1　A 组轮状病毒的引物序列

引物名称	引物序列（5'→3'）
正向引物	GGTTAGCTCCTTTTAATGTATG
负向引物	ACTGATCCTGTTGCCCAT

四、实验方法

1. RNA 提取

1）用 PBS（pH7.2）制备 500μL 20%的粪便悬液，置于螺口离心管中。如果用于酶联免疫吸附用途，则用 50mmol/L Tris-HCl（pH 7.5）制备。

2）涡旋制备 10%粪便悬液，室温放置 30～60min 后使用。粪便悬液在室温 5000r/min 离心 5min。

3）将 250μL 粪便上清液移到无菌 1.5mL Ep 管中，加入 750μL Trizol 试剂。涡旋振荡 30s，室温孵育 5min。

4）每样加入 200μL 氯仿，振荡 30s，室温孵育 3min。

5）4℃ 下 12 000r/min 离心 5min，将上层水相移至无菌离心管中。加入 2 倍体积在冰上预冷的异丙醇。

6）轻柔颠倒 4～6 次以混匀，室温或−20℃ 孵育 20min。

7）4℃ 下 12 000r/min 离心 15min，小心弃去上清，将沉淀置于空气中干燥。用 20μL 去离子水重悬沉淀。

8）采用微量分光光度计测量所提取核酸的浓度与纯度。

9）将提取核酸储存在−20℃ 以备 RT-PCR 使用。

2. 逆转录反应

1）配制逆转录反应体系（表 7-2）。

2）将反应所需试剂按体积加入 0.2mL 管或 96 孔板，置于冰上合并试剂。

3）对各反应管或反应板密封后，轻轻涡旋混合内容物，短暂离心。

4）开始逆转录反应。反应条件为 37℃ 15min、85℃ 5s，4℃ 保存。反应体系如表 7-2 所示。cDNA 合成结束后，用反应产物进行 PCR 扩增。

表 7-2　逆转录反应体系

试剂	用量
逆转录酶混合物	1μL
Oligo（dT）	1μL
随机引物	1μL
总 RNA	2μg
DEPC 处理过的 ddH_2O	补至 20μL

3. PCR 反应

1）在冰上进行如下操作，0.2mL 的 PCR 管，依次加入表 7-3 的试剂，最后加入 DNA 聚合酶。

2）瞬时离心 10s，将各成分混匀。

3）放入 PCR 仪，设置反应条件，开始 PCR 反应。具体条件为：94℃ 预变性 30s，30 个扩增循环（98℃ 变性 5s、60℃ 退火 15s、72℃ 延伸 30s），72℃ 延伸 10min；4℃ 保存。PCR 扩增反应体系见表 7-3。

表 7-3　PCR 扩增反应体系

试剂	用量
5×PCR 缓冲液	2.0μL
PCR 反应酶	0.1μL
dNTP 混合物	0.8μL
正向引物	0.2μL
负向引物	0.2μL
cDNA	100ng～1μg
ddH_2O	补至 10μL

4）PCR 产物可短期保存在 4℃ 条件下，准备琼脂糖凝胶电泳。

4. 琼脂糖凝胶电泳

1）用蒸馏水将制胶模具和梳子冲洗干净，放在制胶平板上，封闭模具的边缘，安装梳子。

2）配制 1%琼脂糖凝胶缓冲液。称量 1g 琼脂糖干粉，加入三角烧瓶中，然后加入 1× TAE 电泳缓冲液 100mL。

3）将三角烧瓶放入微波炉中加热使琼脂糖干粉熔化。冷却片刻后，加入一滴荧光染料，并轻轻旋转以充分混匀凝胶溶液。然后将混匀的凝胶溶液倒入电泳槽中，并静置待其凝固。

4）在室温下静置 30～45min，直到凝胶完全凝结后，小心拔出梳子，并将凝胶安放在电泳槽内。

5）向电泳槽中倒入足够量的电泳缓冲液，使其完全覆盖凝胶表面 1mm 左右。如果在样品孔内有气泡，应设法将其除去。

6）在 DNA 样品中加入 10 倍体积的上样缓冲液，将其混匀后，使用移液器将混合液缓慢加入被浸没的凝胶加样孔内。

7）接通电源，红色电极为正极，黑色电极为负极。通常设置 60～100V 的电压，进行 20～40min 电泳。根据指示剂在凝胶中的位置，判断是否终止电泳。

8）电泳完毕后，关掉电源，使用凝胶成像仪观察电泳带及其位置，并与 DNA 分子量标准（Marker）进行比较，以确定被扩增产物的大小及特异性。

五、实验结果观察与分析

在 320bp 左右位置有可见条带，则说明受检样本中 A 组轮状病毒阳性。

第四节 轮状病毒的分型方法

一、实验目的

核酸电泳分析法检测粪便中的轮状病毒 RNA。

二、实验原理

轮状病毒可大量存在于腹泻患儿的粪便中，其分节段的 RNA 基因组经苯酚-氯仿-异戊醇提取后，进行聚丙烯酰胺凝胶电泳和银染，可见出现不同的电泳区带。根据电泳区带图谱，可以快速诊断轮状病毒感染，并可以鉴定病毒型别，甚至发现变异株。

三、实验用品

（一）样本

待检患者水样便。

（二）仪器设备

水浴箱、涡旋振荡器、离心机、凝胶电泳仪等。

（三）试剂

（1）样品缓冲液　0.5mol/L Tris-HCl 7.5mL、甘油 2.5mL、溴酚蓝 10mg。

（2）分离胶（10%聚丙烯酰胺凝胶）

1.5mol/L Tris-HCl（pH 8.8）	7.5mL
30%丙烯酰胺+0.8% *N*, *N'*-亚甲双丙烯酰胺（pH8.8）	20.0mL
四甲基乙二胺（TEMED）	30.0μL
10%过硫酸铵（新配）	900.0μL
ddH_2O	31.6mL

（3）浓缩胶（4%聚丙烯酰胺凝胶）

0.5mol/L Tris-HCl（pH6.8）	2.5mL
30%丙烯酰胺+0.8% *N*, *N'*-亚甲双丙烯酰胺（pH6.8）	3.2mL
四甲基乙二胺（TEMED）	10.0μL
10%过硫酸铵（新配）	300.0μL
ddH_2O	13.6mL

（4）电泳液　Tris-甘氨酸缓冲液（pH8.5）。

（5）染色液　0.187g 硝酸银溶解于 100mL 水。

（6）显色液　7.5g NaOH 溶解于 200mL H_2O 后，加入 38%甲醛 1.9mL，补 H_2O 至 250mL。

（7）其他　Tris 饱和酚：氯仿：异戊醇（25：24：1）、1%SDS、1.5mol/L Tris-HCl（pH8.8）和 0.5mol/L Tris-HCl（pH6.8）、乙酸钠、正丁醇、乙醇、乙酸等。

四、实验方法

1. 轮状病毒 RNA 的提取

1）在 Ep 管中用水制备 450μL 10%粪便悬液。

注意：以下操作都置于冰上。

2）加入预热的 50μL 含 1% SDS 的乙酸钠溶液。涡旋振荡 10s，37℃ 条件下孵育 15min。

3）加入等体积的酚-氯仿-异戊醇溶液，振荡 1min，56℃ 孵育 15min。

4）在继续振荡前打开并立即重新封闭 Ep 管。在振荡 1min 后，12 000r/min 离心 3min。

5）将上层液相移至新管中。加入 250μL 酚-氯仿-异戊醇溶液。

6）按上述第 3）步到第 5）步重复酚提取过程。

7）将上层液相移至新管中，加入 1/10 体积 3mol/L 乙酸钠（pH5.0）和 700μL 冰上预冷的无水乙醇。轻柔地颠倒混合 4～6 次，−20℃ 孵育 2h 或−70℃ 孵育 30min。

8）4℃ 12 000r/min 离心 15min。弃去乙醇，倒置在纸巾上 15min 以上。

9）用 30μL 上样液重悬双链 RNA（dsRNA）沉淀。

2. PAGE

（1）制胶　用 1%琼脂或密封胶条封闭垂直电泳槽缝隙，注入 10%分离胶至 15.5cm 高度，轻轻加入正丁醇 0.5mL，聚合 30min 后吸掉正丁醇，用水反复洗涤后，倾入 3%浓缩胶至顶端，插入样品梳，使浓缩胶高度为 1.5cm，聚合 30min 后，拔去样品梳，制成 14cm×17cm×0.1cm 的凝胶。

（2）加样　把提取的病毒 RNA 在 60℃ 预热 2min 后，每样品孔中加样 2～10μL。

（3）电泳　前、后电泳槽中各装入 pH8.5 Tris-甘氨酸缓冲液 800mL，前槽接阴极，后槽接阳极。调电压为 220V，电流 20mA/cm^2，电泳时间 8h。

（4）剥胶　取出玻璃凝胶板，平放，用刀片轻轻将上面的玻璃撬掉，再用长针头轻剥凝胶板（滴加蒸馏水于凝胶板和玻璃之间），切去浓缩胶，用去离子水漂洗凝胶板。

（5）染色　把凝胶板浸于银染液中，水平振荡 30min 进行染色。用去离子水洗涤 3 次，除去银离子。

（6）显色、定影和固定　把凝胶板浸于显色液中轻轻振荡 10min，呈现棕黄色 RNA 区带；用去离子水洗涤后，浸于 5%（*V*/*V*）乙酸溶液中，定影 30min；再浸于 10%乙醇和 0.5%乙酸溶液中固定后拍照保存。

五、实验结果观察与分析

轮状病毒的基因组是双链分节段的 RNA，由 11 个分子量不同的核酸片段组成，可在凝胶板上形成迁移率不同的 11 条电泳条带，带型分为 4 组。不同迁移率的 RNA 电泳带型既可用于诊断轮状病毒，又可以区别不同型轮状病毒的感染。例如，A 组轮状病毒的带型为 4-2-3-2，即 4 条高分子量条带、2 条中分子量的条带、3 条接近的条带和 2 条较低分子量的条带。

第五节　轮状病毒的其他病毒学研究方法

一、电镜检测

（一）实验目的

采用电镜技术，对轮状病毒进行形态学观察，根据其形态学特征进行诊断。

（二）实验原理

电镜负染技术的原理是利用电子负染剂沉积于病毒的凹陷处及其周围，染色形成致密背景，与电子密度较低的病毒颗粒形成鲜明反差的性质，可以对某些形态特殊的病毒，如肠道病毒、轮状病毒等直接进行诊断。通过该技术对粪便等临床待检样本直接观察，检测样本中病毒颗粒的存在。此法虽然快速，但要求样本中的病毒量高达 10^6 拷贝/mL 以上。

（三）实验用品

1. 样本　　待检粪便。
2. 仪器设备　　电镜、覆有火棉胶膜或方华（Formvar）膜的铜网、滤纸等。
3. 试剂　　0.01mol/L PBS、1%乙酸铵、2%磷钨酸水溶液（pH5～6）等。

（四）实验方法

1）用 1%乙酸铵在玻片上制备粪便悬液。
2）将 1 滴（10～20μL）粪便悬液滴加到铜网上。2min 后吸取多余的液体，在空气中干燥。
3）滴加 2%磷钨酸（pH5～6），1min 后吸掉残液，在空气中干燥。
4）于电镜下观察，通过形态学特征鉴定轮状病毒颗粒。

（五）实验结果观察与分析

电镜下观察到大小和形态均匀一致呈“车轮”状的病毒颗粒即为阳性。

二、免疫电镜检测

（一）实验目的

采用免疫电镜技术，对轮状病毒进行形态学观察，根据其形态学特征进行诊断。

（二）实验原理

免疫电镜技术是把抗体固定在固相载体上，在悬浮样本中捕捉相应的抗原（病毒粒子），便于在电镜下观察和鉴定。此法的优点在于图像背景比较清晰，无非特异性杂质，病毒粒子容易被发现。利用免疫电镜方法可以直观观察样本中的病毒。

（三）实验用品

1. 样本　患者腹泻发生的早期 1～3d 至腹泻发生后 1～3d 的粪便。

2. 仪器设备　离心机、电镜、0.33nm 200 目铜网、0.2%聚乙烯醇缩甲醛制备铜网支持膜、滤纸、微量移液器、吸头、1.5mL 离心管等。

3. 试剂　兔抗 A 组轮状病毒诊断血清、生理盐水、琼脂糖、2%磷钨酸（pH7.0）等。

（四）实验方法

1）取腹泻患者粪便上清液，用生理盐水进行 10 倍稀释，3000r/min 离心 10min。

2）取上清液 50μL，加入兔抗 A 组轮状病毒诊断血清 50μL 混匀，37℃ 孵育 1h 或 4℃ 过夜。

3）制备 1mm×1mm 的 1%琼脂糖块，置于 3 层滤纸上。

4）用微量移液器取 20μL 粪便上清液，滴在琼脂糖块上，迅速将铜网放在液滴上。

5）待铜网几乎碰触到琼脂糖块上时，取下铜网，在空气中干燥。

6）滴加 2%磷钨酸（pH7.0），1min 后吸掉残液，在空气中干燥后，电镜观察。

（五）实验结果观察与分析

在新鲜阳性样本中可见多个轮状病毒聚集在一起，轮状病毒呈车轮状，表面光滑，有双层衣壳，无包膜。在陈旧样本中，病毒可呈现蜂窝状或晶格状排列。

三、ELISA 检测

（一）实验目的

采用酶联免疫吸附技术，对轮状病毒进行免疫学检测与诊断。

（二）实验原理

WHO 把 ELISA 方法列为诊断轮状病毒的标准方法。采用快速轮状病毒抗原酶标诊断试剂，试剂由 A 组轮状病毒单克隆抗体制成。反应全程只需 30min，具有敏感、特异、快速简单的特点。利用已包被 A 组轮状病毒单克隆抗体的微孔酶标板进行实验，样本中的病毒抗原与包被抗体结合后，加入酶标抗体，形成抗体-抗原-酶标抗体复合物。加入酶底物，根据反应颜色深浅判断待检病毒抗原含量。

（三）实验用品

1. 样本　10%粪便悬液。

2. 仪器设备　离心机、酶标仪、96孔预包被A组轮状病毒单克隆抗体的微孔酶标板、微量移液器、1.5mL离心管等。

3. 试剂　去离子水、酶标抗体、阳性对照、洗涤液、显示剂A、显示剂B和终止液等。

（四）实验方法

1）将试剂在室温中平衡20～30min，将洗涤液用去离子水进行10倍稀释，备用。

2）用微量移液器吸取待检粪便稀释液50μL，滴于96孔预包被A组轮状病毒单克隆抗体的微孔酶标板反应孔板内，设阳性对照和空白对照各两孔。

3）除空白对照孔外，每孔加入50μL酶标抗体，轻轻摇动混匀。

4）37℃静置30min后，加入洗涤液，静置5min，用力甩干，拍净板内残余液体。

5）每孔先后加入显示剂A、显示剂B各50μL，室温避光静置10min后，加入终止液，读取结果并分析。

（五）实验结果观察及分析

1. 目测　肉眼观察棕黄色判定为阳性；无色或极浅黄色判定为阴性。

2. 比色测定　利用酶标仪读数492nm波长下的OD值。计算待测样品OD值与阴性对照OD值的比值（P/N），$P/N \geqslant 2.1$则可认为结果阳性。

四、胶体金免疫层析试纸条法检测

（一）实验目的

采用胶体金免疫层析试验，对轮状病毒进行免疫学检测与诊断。

（二）实验原理

胶体金免疫层析试验是以胶体金为显色媒介，利用抗原抗体的特异性结合，在待检液体层析过程中完成反应，形成裸眼可见的金标抗体复合物，达到检测的目的。

（三）实验用品

1. 样本　待测粪便。

2. 仪器设备　离心机、吸水纤维、硝酸纤维素膜（NC膜）、吸水滤纸、可加热的磁力搅拌器、锥形瓶等。

3. 试剂　两种位点的鼠抗轮状病毒单抗、羊抗鼠二抗、氯金酸（$HAuCl_4$）、1%柠檬酸三钠、3%牛血清白蛋白（BSA）、0.1mol/L K_2CO_3、0.01mol/L PBS、生理盐水等。

（四）实验方法

1. 制备胶体金　在200mL的锥形瓶中加入0.1%氯金酸100mL，在磁力搅拌器中搅拌加热，煮沸后加入1%柠檬酸三钠水溶液4mL，继续煮沸5～8min，至溶液呈鲜艳的深红色，停止煮沸，自然冷却后用超纯水恢复至原体积。

2. 免疫胶体金的制备 用0.1mol/L K_2CO_3调节胶体金溶液pH至6.2，在磁力搅拌状态下逐滴加入一株鼠抗轮状病毒单抗（1g/L）0.5mL，继续搅拌10min，静置10min；加入3% BSA 10mL，继续搅拌5min。4℃下3000r/min离心5min，弃沉淀，上清液以12 000r/min离心15min，小心移去上清液，絮状沉淀即为制备的胶体金。用20mL悬浮液悬浮沉淀，以吸水纤维吸附后冷冻干燥4h，4℃保存备用。

3. 免疫层析测试条的制备 测试条由吸水纤维、NC膜和吸水滤纸三部分组成。吸水纤维部分附着有胶体金免疫复合物；在NC膜上用羊抗鼠二抗（1.5mg/L）及另一种鼠抗轮状病毒单克隆抗体（1mg/L）画线（1mm宽），分别作为检测线（T线）和质控线（C线），晾干，用3% BSA封闭2h，以0.01mol/L PBS洗涤3次，干燥后依次粘于白色塑料片（支持物）上，切成0.5cm×10cm的试条，加干燥剂密封保存。

4. 轮状病毒抗原的检测 取少许待测粪便于离心管中，加入200μL生理盐水混匀，将测试条含有金标记物的一端插入粪便上清液内，液面不能没过金标垫，5～10min即可观察结果。

（五）实验结果观察与分析

如果C线不显色，则试纸条无效。C线显色时，T线显色为阳性，T线不显色则为阴性。注：胶体金配制使用的玻璃器皿需经过酸洗和硅化（二氯二甲硅烷的氯仿溶液浸泡1min即可），否则会影响胶体金颗粒的生成。

五、其他检测方法

目前有几类新应用与研发的技术。当前研发的轮状病毒基因芯片多用于毒株的分组、分型及新病毒株的鉴定研究。临床应用的基因芯片可以同时检测包括HIV、轮状病毒在内的多种病原体。在具体类型上包括液相芯片、微流控芯片。此外，肽核酸（peptide nucleic acid，PNA）的荧光探针原位杂交技术、NASBA-CRISPR裂解法、适配子、纳米颗粒标记等新技术也在研发中。

思考题

1. 哪些因素可能干扰轮状病毒核酸检测的结果？
2. 如何保存提取后的轮状病毒RNA？
3. 由于粪便样本成分复杂，存在其他抗原成分干扰，如何减少假阳性？
4. 应对临床上出现轮状病毒相关的混合感染，请设计新的实验方案。
5. RNA分子的聚丙烯酰胺凝胶电泳需要注意哪些问题？

（商庆龙　钟照华）

第八章　人乳头瘤病毒的检测及常用的病毒学研究方法

本章要点

1. 通过理解人乳头瘤病毒的原位杂交实验、斑点杂交实验和分型基因芯片检测的基本原理、实验步骤和操作流程，掌握人乳头瘤病毒的检测技术和研究方法，为后续研究和应用奠定基础。
2. 分析不同人乳头瘤病毒检测方法的优缺点，深入理解各种方法在人乳头瘤病毒检测中的实际应用场景，为选择合适的检测方法提供科学依据。
3. 通过认识人乳头瘤病毒分型在疾病诊断和治疗中的重要性，理解不同型别人乳头瘤病毒与疾病发生发展的关联，为临床诊断和治疗提供更为精准的依据。

本章课件

人乳头瘤病毒（human papilloma virus，HPV）是常见的性传播疾病病原体。高危型 HPV 的持续感染与高度宫颈上皮内瘤变（cervical intraepithelial neoplasia，CIN）及宫颈癌的发生密切相关，尤其是 HPV-16 和 HPV-18 导致了约 70%的宫颈癌病例。为了消除宫颈癌，世界卫生组织将全球范围内的宫颈癌筛查作为核心战略措施。目前，宫颈癌筛查主要依赖三种技术：细胞学检测、HPV 检测和阴道镜组织活检。①细胞学检测通过采集宫颈脱落细胞，观察其形态来判断是否存在病变；②HPV 检测以 HPV 的 DNA 或 RNA 为目标，利用分子生物学技术检测细胞是否感染 HPV；③阴道镜组织活检是指在阴道镜辅助下取宫颈组织进行病理检验。细胞学检测和 HPV 检测采样简便，适用于大规模人群的初步筛查，以识别风险人群；阴道镜组织活检虽具有更高的诊断特异性，但因采集过程对患者损伤较大，更多用于初筛后疑似宫颈癌风险人群的进一步诊断。

第一节　案　例

患者，女，30 岁，因生殖器区域出现不寻常症状就诊。自述起初外阴部出现数个淡红色丘疹，初时未予重视，误以为过敏或皮肤炎症。随时间推移，丘疹数量增多、体积增大，形态变为乳头状或菜花状，颜色也转变为污灰色或粉红色。同时，外阴部出现瘙痒、灼热感，尤以性行为后显著，偶伴接触性出血。此外，患者发现阴道分泌物异常，量增多，色黄或带血丝。患者因症状持续加重及不适感增强遂来就诊。查体见外阴部散在乳头状或菜花状突起，颜色异常，触之易出血。

该患者最可能感染的病原体是什么？为了明确诊断，应开展哪些检测方法？

第二节 样本采集

一、采集对象

基因检测中心检查的健康体检人群、门诊及住院患者等。

二、采集方法

（一）宫颈细胞采集

使用一次性无菌扩阴器以充分暴露宫颈口，用棉拭子轻柔地擦去宫颈口多余的分泌物。将宫颈刷缓缓伸入宫颈口，通过轻轻搓动宫颈刷，使其顺时针旋转 3～5 圈，以充分收集宫颈口处的细胞样本。慢慢取出宫颈刷，将其放入装有细胞保存液的样本管中。将管口处多余的刷柄折断，仅留刷头在样本管中。旋紧管盖，注明编号和日期，便于后续的检测和追踪。如不能立即进行检测，将采集到的样本置于 4℃ 存放，检测需在两周内完成，避免反复冻融。

（二）阴道分泌物采集

使用一次性无菌扩阴器，轻轻打开阴道，暴露宫颈口和阴道壁。使用无菌棉拭子轻轻擦拭阴道壁和宫颈口周围的分泌物。在擦拭过程中，转动棉拭子以获取更全面的样本。

（三）组织活检

使用一次性无菌扩阴器，暴露宫颈和阴道壁。使用活检钳或针头，根据病变部位的大小，精确地夹取或穿刺获得组织样本。确保取得的组织具有代表性，并尽可能减少对周围组织的损伤。在取样过程中，注意避免出血，确保患者的安全和舒适。取下的组织样本应立即放入灭菌容器中。详细标注患者的姓名、就诊号、样本类型等信息，以确保样本的准确性和可追溯性。样本应尽快送往实验室进行检测，避免长时间保存导致样本质量下降。

第三节　人乳头瘤病毒的原位杂交实验

一、实验目的

原位杂交（*in situ* hybridization，ISH）技术是分子和细胞病理学研究的重要工具，可以提供基因表达和染色体的详细空间和背景信息。通过原位杂交实验检测 HPV，对宫颈癌早期诊断与防治起到积极的临床指导作用。

二、实验原理

ISH 技术的核心在于核酸碱基的互补配对，即当两条来源不同的 DNA（或 RNA）链或 DNA 链与 RNA 链之间存在互补序列时，在一定的条件下可以发生互补配对，形成双螺旋分子。因此，运用带有标记的特定核酸序列作为探针，可以在组织切片中检测与之互补的目的基因。该技术常使用荧光、生物素、地高辛等标记的探针，依据碱基互补原理，与组织切片或细胞制片中的靶序列进行特异性杂交。经过信号放大和显色处理，可在显微镜下观察结果。HPV 广谱探针原位杂交是常用的初筛方法，其探针通常采用双链 DNA，与细胞结合后用于宫颈癌的筛查和预防。

三、实验用品

（一）样本

组织活检样本。

（二）仪器设备

隔水式恒温培养箱、切片机、原位杂交仪等。

（三）试剂

人乳头状瘤病毒（广谱）检测试剂盒（原位杂交）、二甲苯、乙醇、HPV DNA 探针/广谱 HPV 生物素标记探针、PBS、HPV 广谱抗体、DAB 显色液、苏木精、甲醛、防脱片剂 APES 等。

PBS 配方如下：8.0g NaCl、0.2g KCl、1.56g $Na_2HPO_4 \cdot H_2O$（或 3.49g $Na_2HPO_4 \cdot 12H_2O$）和 0.2g KH_2PO_4 溶解于超纯水后定容至 1000mL，经高压蒸汽灭菌后室温保存。

四、实验方法

1. 杂交前处理

1）组织样本经 10%甲醛固定后进行石蜡包埋。连续切片，每片厚度为 3～5μm（一般为 4μm），黏附于涂有黏附剂的玻片上。

2）切片经防脱片剂 APES（anti-slice escaping agentia）处理，62～65℃ 烤片 2h，经 3 次二甲苯脱蜡，每次 10～15min。

3）将切片依次置于无水乙醇、95%乙醇、80%乙醇中脱水 5min，蒸馏水洗涤 3min。

4）切片移入杂交增效液盒内，微波炉高温处理 15min（每隔 5min 补充杂交增效液），冷却后蒸馏水洗涤 2 次，擦干组织周围液体。

2. 原位杂交

1）切片保持一定湿度（可滴加适量杂交液 50μL），按照组织大小加入适量 HPV DNA 探针/广谱 HPV 生物素标记探针，加盖玻片以防干片。

2）切片放入原位杂交仪，95℃ 变性 5min 后降至 37℃。

3）将切片放入含 30%增效液的湿盒，37℃ 孵育 12～16h。

4）切片放入 48℃ PBS，移除盖玻片，再用 PBS 浸泡洗涤 3 次，每次 5min。

3. 信号放大与显色

1）擦干切片组织周围的液体，滴加 50μL 鼠抗地高辛抗体（一抗），37℃ 孵育 20～30min，PBS 洗涤 3 次，每次 5min。

2）滴加 50μL 兔抗鼠抗体（二抗），37℃ 孵育 20～30min，PBS 洗涤 3 次，每次 2min。

3）滴加 50μL HRP-羊抗兔抗体（三抗），37℃ 孵育 20～30min，PBS 洗涤 3 次，每次 2min。

4）擦干液体，滴加 50μL DAB 显色液，37℃ 孵育 10min，PBS 洗涤 3 次，每次 2min。

5）流水冲洗，苏木精复染，梯度乙醇脱水，二甲苯透明（脱蜡），树胶封固。

6）每组检测设阳性对照及阴性对照。用已知的阳性病例作阳性对照，用 PBS 代替一抗或核酸探针作阴性对照。

五、实验结果观察与分析

上皮细胞核呈蓝紫色为结果阳性，细胞呈红色则为阴性（图 8-1）。

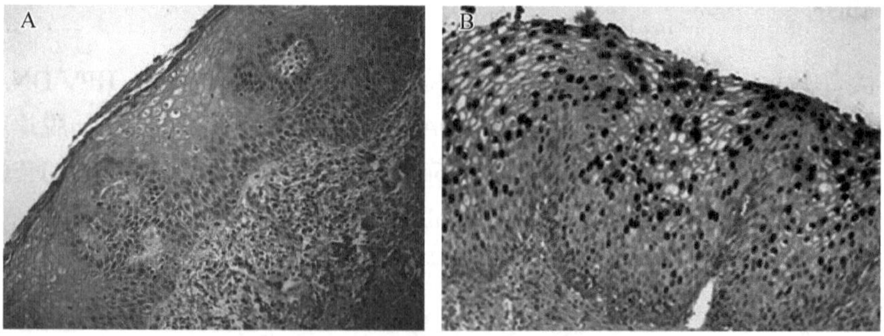

图 8-1 人乳头瘤病毒原位杂交染色样本代表性结果（引自 Zhang et al.，2012）
A. HPV 原位杂交阴性结果（200×）；B. HPV 原位杂交阳性结果（200×）

思考题

1. 相较于其他 HPV 检测手段，原位杂交技术有何独特优势？

2. 原位杂交检测在诊断人乳头瘤病毒感染方面有哪些局限性？对于检测结果为阳性的患者，如何结合其他临床信息和检测手段来准确判断病情和制定治疗方案？

第四节 人乳头瘤病毒的斑点杂交实验

一、实验目的

斑点杂交检测是一种分子生物学技术，其核心在于利用特定的 DNA 探针与人乳头瘤病毒的 DNA 进行杂交反应。通过斑点杂交检测能够准确地判断患者体内是否携带有人乳头瘤病毒，并确定其含量。斑点杂交检测是诊断人乳头瘤病毒感染的重要工具之一，其结果不仅有助于深入了解患者的病情，还能为制定精准的治疗方案及监测治疗效果提供关键依据。

拓展实验

二、实验原理

斑点杂交是一种固相杂交技术，将待测的 DNA 变性后点于硝酸纤维素膜或尼龙膜上，利用同位素标记的探针进行杂交。经过洗膜和放射自显影后，根据结果判断杂交是否存在及其强度。

三、实验用品

（一）样本

组织活检样本。

（二）仪器设备

紫外分光光度计、硝酸纤维素膜、Sephadex G50 柱、增感屏等。

（三）试剂

DNA 提取试剂盒、EDTA（0.5mol/L）、DNA 探针、DNA 探针同位素（^{32}P-dCTP）标记试剂盒、TE 缓冲液、柠檬酸钠缓冲液（SSC）、SDS、显影液等。

0.5mol/L EDTA 配方：37.22g EDTA 溶解于 ddH_2O，加入 NaOH 调节 pH 至 8.0，定容至 1000mL，经高压蒸汽灭菌后室温保存。

TE 缓冲液配方：100mmol/L Tris-HCl（pH8.0），10mmol/L EDTA（pH8.0），经高压蒸汽灭菌后室温保存。

四、实验方法

1. 组织 DNA 提取　利用 DNA 提取试剂盒提取 DNA，定量并保存于−20℃。

2. 点膜　取 2.5μg DNA 样品依序点于硝酸纤维素膜上，阳性对照为 50μg 质粒 DNA，阴性对照为 2μg 鲑精 DNA。

3. 标记同位素探针　根据 DNA 探针同位素（^{32}P-dCTP）标记试剂盒操作说明书，取 0.2μg DNA 探针，0.5mmol/L dATP、dGTP、dTTP 各 1μL，2μL DNA 酶Ⅰ（2pg/μL），10×缺口翻译缓冲液 2.5μL，^{32}P-dCTP 5μL，DNA 聚合酶Ⅰ1μL，以双蒸水定容至 25μL。置于 14℃反应 2h 后加入 2μL EDTA（0.5mol/L）终止反应，再加入 75μL TE 缓冲液，混匀后放入已平衡的 Sephadex G50 柱内，收集已标记的 DNA 探针。

4. 斑点杂交　将点上 DNA 的硝酸纤维素膜置于预杂交液中，置于 42℃保温 6h 后更换为杂交液，并加入同位素标记探针，42℃杂交 16～24h。随后将膜放入 2×SSC/0.5% SDS 和 0.1×SSC/0.1% SDS 中漂洗两次并晾干。最后，将滤膜在−70℃下使用增感屏曝光于 X 线片上，曝光时间为 7～12d。将胶片放入显影液进行显影，直到肉眼看到影像，随后置于定影液中直至胶片未感光的部分完全透明。最后放入清水中冲洗，晾干后观察。

五、实验结果观察与分析

出现斑点为结果阳性，结果阴性时则无上述现象。

思考题

1. 斑点杂交检测方法在哪些情况下可能出现假阳性或假阴性结果？如何避免或降低这些误差？

2. 斑点杂交检测方法在临床应用中的操作难度如何？是否适用于大规模筛查或日常检测？

第五节　人乳头瘤病毒的分型基因芯片检测

一、实验目的

基因芯片技术可高效准确地检测临床样本中的 HPV 病毒亚型，具有高通量、灵敏度高、特异性强等特点，对 HPV 的临床诊断和宫颈癌的早期预防具有重要意义。该技术可广泛应用于临床高效诊断和女性体检。

二、实验原理

基因芯片，也被称为 DNA 微阵列，是一种从基因层面洞察细胞差异，进而分析不同细胞生物学行为的技术。基因芯片的原理基于核酸杂交，类似于 Southern 杂交和 Northern 杂交，即通过碱基对之间的配对，使已知的核酸探针与目的核酸进行杂交，从而测定目的核酸序列。该方法采用的芯片固定了与 HPV 基因序列互补的探针。当待检样本中的 HPV 基因与芯片上的探针发生杂交时，形成特异性结合，从而实现对 HPV 基因的有效检测。

三、实验用品

（一）样本

组织活检样本。

（二）仪器设备

分子杂交仪、PCR 仪、离心机等。

（三）试剂

人乳头瘤病毒（HPV）分型基因芯片检测试剂盒（包括 18 种高危型 HPV 和 5 种低危型 HPV 基因型），该试剂盒配有试剂盒Ⅰ与试剂盒Ⅱ，试剂盒Ⅰ主要为 PCR 反应液，试剂盒Ⅱ为 HPV 各基因亚型芯片等。DNA 提取试剂盒、DAB 显色液等。

四、实验方法

1. 组织 DNA 提取　将活检所取的 $1mm^3$ 组织在冰浴中研磨成匀浆，使用 DNA 提取试剂盒进行 DNA 提取。

2. PCR 扩增　采用针对 23 种 HPV DNA 亚型的生物素标记通用引物，扩增提取的样本 DNA。PCR 反应条件为 50℃ 15min，95℃ 10min，94℃ 30s、42℃ 90s、72℃ 30s 共扩增 40 个循环，72℃ 延伸 5min。每批同时扩增 HPV-16 阳性对照和阴性对照。

3. 分子杂交　取 15mL 离心管，加标记样本编号的膜条（试剂盒中已固定 HPV 分型探针的膜条）、5mL A 液（0.3mol/L NaCl、0.03mol/L 枸橼酸钠、0.003μmol/L SDS）及 25μL PCR 产物。100℃ 水浴 10min，51℃ 杂交至少 1.5h。

4. 洗膜　取出膜条，放入含预热 B 液（0.075mol/L NaCl、0.008mol/L 枸橼酸钠、0.003μmol/L SDS）的 50mL 管中，51℃ 轻摇洗涤 5min。

5. 孵育　取出膜条，放孵育液中，室温轻摇 30min。弃液，换 A 液洗 2 次，每次 5min。再用 0.1mol/L 枸橼酸钠洗膜 1～2min。

6. 显色　新鲜配制显色液。将膜条浸泡于显色液中避光显色 30min 后转移至去离子水中，终止反应。

五、实验结果观察与分析

用图像软件进行数据分析，根据显色斑点在芯片上的位置判读结果。将显色的芯片与芯片点样区域模式图进行比较，获得患者所感染的 HPV 基因型。

思考题

基因芯片检测方法有什么局限性？

（卢　春　严　沁　李　婉）

第九章　汉坦病毒的检测及常用的病毒学研究方法

本章要点

掌握汉坦病毒抗体检测、抗原检测和核酸检测的原理和方法，为病毒学的研究和病毒感染的实验诊断提供有力支持。

本章课件

汉坦病毒是一种有包膜、分节段的负链 RNA 病毒，属于布尼亚病毒目（*Bunyavirales*）汉坦病毒科（*Hantaviridae*）哺乳动物汉坦病毒亚科（*Mammantavirinae*）正汉坦病毒属（*Orthohantavirus*）。汉坦病毒的主要宿主动物和传染源均为啮齿动物，人类对汉坦病毒普遍易感。汉坦病毒在临床上主要引起两种类型的急性传染病，一种是以发热、出血、急性肾功能损害和免疫功能紊乱为特征的肾综合征出血热（hemorrhagic fever with renal syndrome，HFRS），另一种是以肺浸润及肺间质水肿、迅速发展为呼吸窘迫甚或衰竭为特征的汉坦病毒肺综合征（hantavirus pulmonary syndrome，HPS）。

汉坦病毒的检测方法主要有病毒分离培养、血清学检测和核酸检测方法等。汉坦病毒培养和未经培养的感染材料进行核酸检测实验需要在生物安全二级实验室（BSL-2）开展，动物感染实验则必须在 BSL-3 或以上级别实验室进行。

第一节　案　例

患者，男，35 岁，职业为森林伐木工人，自述入冬后突然出现发热、头疼、腰痛、眼眶痛。体检发现：面部至胸部皮肤潮红，体表多处有出血点及出血斑；血压低，尿少，尿蛋白阳性。怀疑汉坦病毒感染，要明确诊断应做哪些检查？

第二节　样本采集

样本采集是汉坦病毒检测的一个关键步骤，需要遵循标准化的操作流程和注意事项，以确保检测结果的准确性和可靠性。

一、样本类型

主要采集患者的分泌物样本，如咽拭子或唾液，也可以采集患者的血液样本，用于后续的汉坦病毒抗体检测。在某些情况下，可能需要采集患者血液及尸体样本，或采集疫区鼠肺样本进行培养检测。

二、采样程序

对于咽拭子或唾液样本，需要严格按照标准化的采样程序进行操作，确保样本的准确性和可靠性。对于血液样本，同样需要遵循标准的采集流程，注意避免溶血、黄疸等问题。

三、注意事项

在样本采集过程中，应注意避免污染和交叉感染，确保采集工具的清洁和无菌。对于血液样本，如果出现浑浊，应在实验前离心，以除去所有的微粒物质。在样本采集过程中，应注意生物安全防护。

四、其他临床数据采集

除了样本采集外，还需要收集患者的基本信息、病史、症状等相关数据，以便进行综合分析和诊断。

五、样本处理

采集到的样本需要妥善保存和运输，避免高温和阳光直射，确保样本的稳定性和有效性。在实验室中，样本需要进行进一步的处理和检测，如核酸提取、逆转录、PCR 扩增等步骤，以确定患者是否感染汉坦病毒。

第三节　汉坦病毒抗体的检测

常用 ELISA 捕捉法检测抗汉坦病毒的 IgM 抗体。

一、实验目的

检测汉坦病毒感染患者急性期血清中抗汉坦病毒的 IgM 抗体。

二、实验原理

根据抗原抗体特异性结合的原理，利用抗人 IgM μ 链特异性抗体捕获待检测血清中的抗汉坦病毒 IgM 抗体，先加入病毒抗原结合，再加入辣根过氧化物酶（HRP）标记的抗病毒特异性抗体，反应后加底物显色。显色程度与特异性 IgM 抗体含量呈正相关。

三、实验用品

（一）样本

汉坦病毒感染患者急性期血液样本。

（二）仪器设备

洗板机、酶标仪、恒温温箱或水浴箱（37℃±2℃）、酶标板等。

（三）试剂

羊抗人 IgM μ 链抗体、汉坦病毒感染鼠脑悬液、正常鼠脑悬液、HRP 标记的汉坦病毒特异性抗体、包被液、洗涤液（PBST）、底物液、终止液（2mol/L H_2SO_4）、蒸馏水等。

四、实验方法

（一）实验流程

实验流程如图 9-1 所示。

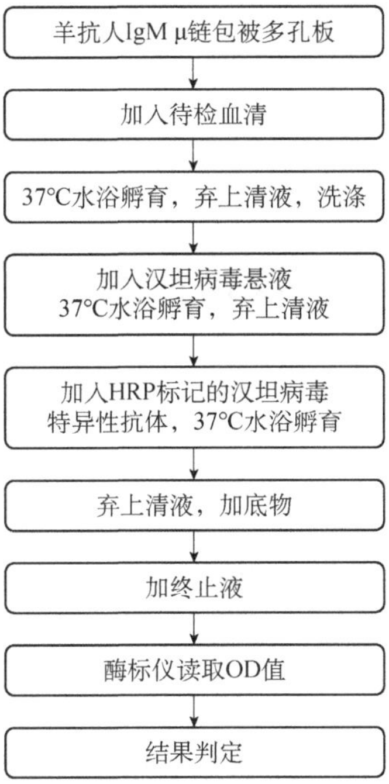

图 9-1　汉坦病毒抗体检测的实验流程

（二）实验步骤

1）将阴性、阳性对照血清，以及待检汉坦病毒感染者血清用稀释液按 1∶100 稀释，加入已包被羊抗人 IgM μ 链抗体的酶标板中，100μL/孔，置 37℃ 水浴孵育 1h。同时设空白对照。

2）弃上清液，用 PBST 清洗 5 遍。

3）加入适当稀释的汉坦病毒悬液，100μL/孔，正常鼠脑悬液作对照，37℃ 水浴孵育 1h。

4）弃上清液，用 PBST 清洗 5 遍。

5）将适当稀释的 HRP 标记的汉坦病毒特异性抗体加入反应板相应孔内，100μL/孔，37℃ 水浴孵育 1h。

6）弃酶标抗体，用洗涤液洗涤 5 遍。吸水纸上扣干。

7）于各反应孔内加底物液，37℃避光 20min，至阳性对照孔显现蓝色。

8）加终止液（2mol/L H_2SO_4）于每反应孔，50μL/孔。

9）在 30min 内于 450nm 波长处读取每孔的 OD 值。

五、实验结果观察与分析

酶标仪读数法：阳性对照孔（P）OD 值与阴性对照孔（N）OD 值处于预测范围，$P/N>2.1$，对照成立；若待检血清孔 OD 值与阴性对照孔 OD 值比值>2.1，则样本为流行性出血热 IgM 抗体阳性，反之为阴性（阴性对照孔 OD 值小于 0.05 按 0.05 计，若大于 0.05 按实际数值计算，但应小于 0.2 或 0.25）。IgM μ 链抗体阳性，表示患者新近有汉坦病毒感染，适用于流行性出血热早期诊断。

思考题

检测汉坦病毒的抗体还有哪些方法？

第四节 汉坦病毒抗原的检测

常用直接免疫荧光法检测汉坦病毒的抗原。

一、实验目的

检测汉坦病毒感染样本中汉坦病毒的抗原。

二、实验原理

用汉坦病毒感染的 Vero 或 Vero E6 细胞制作细胞爬片，然后使用荧光标记的鼠抗汉坦病毒抗体进行检测，可在荧光显微镜下直接观察特异性荧光，阳性结果说明样本感染汉坦病毒。

三、实验用品

（一）样本

汉坦病毒感染细胞制备的细胞爬片。

（二）仪器设备

荧光显微镜、湿盒、滤纸等。

（三）试剂

0.01mol/L PBS（pH7.4）、50%缓冲甘油、荧光标记的汉坦病毒特异性抗体、抗体稀释液等。

四、实验方法

（一）实验流程

实验流程如图 9-2 所示。

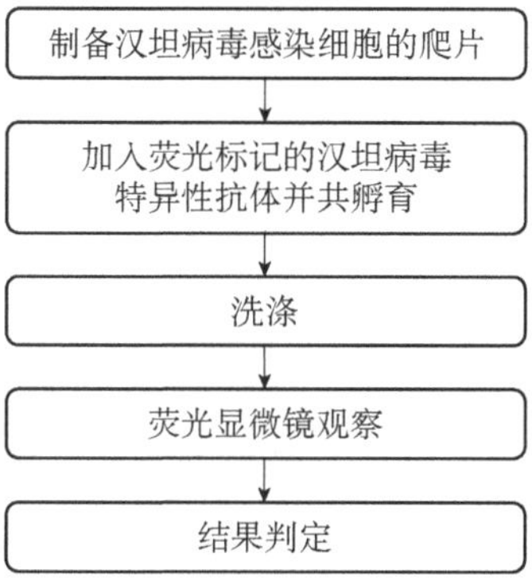

图 9-2　汉坦病毒抗原检测的实验流程

（二）实验步骤

1）滴加 0.01mol/L PBS（pH7.4）于待检的汉坦病毒感染细胞爬片上，10min 后弃去，使样本保持一定湿度。

2）滴加适当稀释的荧光标记的汉坦病毒特异性抗体溶液，使其完全覆盖样本，置于湿盒内，室温孵育约 30min。

3）用 0.01mol/L PBS（pH7.4）冲洗 3 次。

4）取出玻片，用滤纸吸去多余水分，但不使样本干燥，加一滴缓冲甘油，用盖玻片覆盖。

5）立即用荧光显微镜观察。

五、实验结果观察与分析

观察样本的特异性荧光强度，一般可用以下符号表示：（−）无荧光；（±）极弱的可疑荧光；（+）荧光较弱，但清楚可见；（++）荧光明亮；（+++）～（++++）荧光闪亮。待检样本特异性荧光染色强度达（++）以上，而各种对照显示为（±）或（−），即可判定为阳性。

思考题

检测汉坦病毒的抗原还有哪些方法?

第五节　汉坦病毒核酸的检测

常用实时定量 RT-PCR 法检测汉坦病毒的核酸。

一、实验目的

从汉坦病毒感染者或其他感染样本中提取汉坦病毒基因组 RNA，利用实时定量 RT-PCR 法进行核酸检测。

二、实验原理

根据汉坦病毒基因组序列特征，设计特异性引物和特异性荧光标记核酸探针，可快速实现病毒分型检测。探针结合部位位于引物结合区域内，其 5′端和 3′端可分别标记不同的荧光素，称为报告荧光基团（用 R 表示）和猝灭荧光基团[用 Q 表示，猝灭荧光基团也可用小沟结合物（minor groove binder，MGB）]。当引物和探针同时与目的基因片段结合时，探针 R 基团发出的荧光信号被 Q 基团所吸收，仪器检测不到 R 基团所发出的荧光信号；当 PCR 扩增延伸到探针结合部位时，*Taq* 酶发挥 5′→3′外切核酸酶的功能，将探针水解成单核苷酸，探针上的 R 基团游离释放，所发出的荧光不再为 Q 基团所猝灭，可被检测仪接收识别，随着 PCR 循环扩增反应的延续，R 基团和 Q 基团游离于溶液中的量不断增加，仪器可继续检测到 R 基因所发出的荧光信号。

三、实验用品

（一）样本

汉坦病毒感染急性期患者血样本或分离的汉坦病毒。

（二）仪器设备

移液器（10μL、20μL、100μL、200μL、1000μL）、台式高速离心机、普通冰箱、旋涡混合器、实时定量 PCR 仪等。

（三）试剂

RNA 提取试剂盒、汉坦病毒核酸实时定量 RT-PCR 扩增引物、汉坦病毒定量标准品、实时定量 RT-PCR 检测试剂盒等。

四、实验方法

（一）实验流程

实验流程如图 9-3 所示。

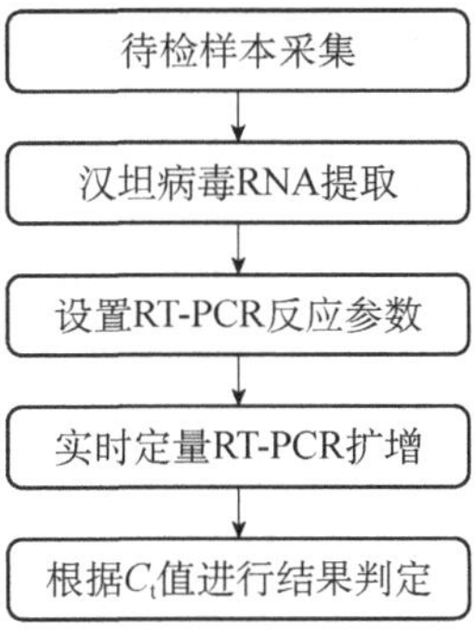

图 9-3　汉坦病毒核酸检测的实验流程

（二）实验步骤

1. 汉坦病毒 RNA 的提取　按试剂盒说明书操作，制备模板 RNA。

2. 实时定量 RT-PCR 扩增　实时定量 RT-PCR 扩增反应配制体系，参考如下：RNA 模板 5μL、酶 0.5μL、缓冲液 12.5μL、引物各 0.5μL（浓度为 20μmol/L）、探针各 0.25μL，加水至总体积 25μL。推荐反应条件为 50℃ 30min，95℃ 2min、95℃ 15s、60℃ 30s 反应 40 个循环。具体反应体系可根据所使用的试剂和实时定量 PCR 仪进行优化调整。

五、实验结果观察与分析

以实时定量 PCR 反应的前 3～15 个循环的荧光信号作为本底信号，以本底信号标准差的 10 倍作为荧光阈值，样本扩增产生的荧光信号达到荧光阈值时所对应的循环数为循环阈值（C_t值），以 C_t值<35，荧光信号数据线性化处理后对应循环数生成的曲线图成“S”形的样本，可判断为相应的汉坦病毒核酸检测阳性，C_t值>38 可判断为阴性，C_t值为 35～38 者，可判断为灰区，需采用另一套引物探针或其他检测方法进行检测判断。阳性结果可以确诊汉坦病毒感染，阴性结果不能排除诊断。

思考题

汉坦病毒核酸检测的原理是什么？

第六节 汉坦病毒的其他病毒学研究方法

病毒是一种不能独立生存的，必须依赖宿主细胞才能完成复制的最小遗传单位。除上述汉坦病毒检测方法外，还可采用实验动物接种或细胞培养进行汉坦病毒分离。Vero E6 和 Vero 细胞对汉坦病毒敏感，可用于汉坦病毒的分离、培养，一般不产生显著病变，可通过检测细胞内和培养上清液中汉坦病毒蛋白抗原和核酸的变化情况来检验病毒的存在和型别。另外，高通量测序技术，又称为下一代测序技术（next-generation sequencing technology）、深度测序（deep sequencing），可对一个物种的转录组和基因组进行快速全貌分析，是传染病诊断新方法，也可用于汉坦病毒的检测。

（王　芳　吴兴安）

第十章　新发病毒性传染病病原的分离与鉴定

本章要点

1. 介绍新发病毒性传染病病原分离与鉴定的常规方法。
2. 了解如何根据样本性质和病原特点采用适合的检测手段开展病毒性传染病的诊断，从而为预防和治疗工作奠定基础。

本章课件

病毒性传染病是人类社会的重大威胁，严重危害人民生命安全和国家、社会安定。近年来，随着国内外经济发展，城镇化、都市化、全球化的进程加快，新发和突发病毒性传染病如新型冠状病毒感染、流感、埃博拉出血热等，在全世界不同地区不断流行，提醒着我们关于发展有效防治新发、突发病毒性传染病措施的重要性和紧迫性。

病毒的分离培养与鉴定是病毒性传染病病原学诊断的“金标准”，但方法复杂、要求严格且耗时较长，实践中多用于实验室研究或流行病学调查。开展病毒分离培养与鉴定的情况主要包括：①对疾病进行病原学鉴别诊断；②判断新发或再发病毒性疾病；③对诊断困难的疑似病毒感染进行辅助诊断；④监测病毒减毒活疫苗活性及其变异；⑤进行病毒生物学特性的研究。在新发病毒性传染病病原分离操作中，不同等级的感染性微生物必须在相应等级的生物安全实验室中进行操作，严格遵循无菌操作和生物安全防护原则，如新冠病毒活病毒实验必须在 BSL-3 实验室进行。

根据经典微生物学中的科赫法则，病原体需满足以下条件：与疾病共存、可从患病生物中分离、接种于健康生物上可造成疾病，并可从接种生物中再度分离。病毒性传染病传染性强、传播范围广且必须依赖活细胞生存。病毒性传染病的诊断、治疗及预防不同于细菌等其他微生物引起的传染病，需要运用病毒特有的检测手段来研究其病原特征，以便快速、准确地诊断，指导临床治疗，控制疾病的流行。病毒检测手段包括：病毒的形态学检查、病毒特异性免疫学检测、病毒核酸检测及高通量测序技术等（图 10-1）。了解这些检测手段有助于我们理解其病原特点，更好地开展病毒性传染病的诊断、治疗及预防工作。

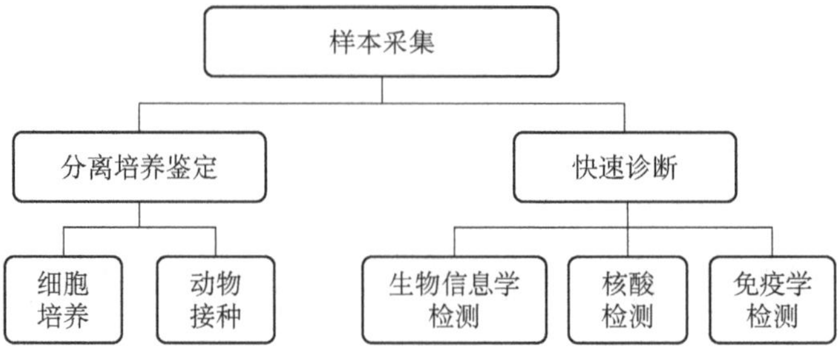

图 10-1 病毒性传染病的病原学诊断

第一节 案 例

患者，男，34 岁，发热，咽痛，干咳伴浑身乏力 3d，体温最高 38.5℃，有寒战和出汗。有呼吸急促、气短，活动后或夜间加重。有肌肉疼痛和关节痛。有味觉和嗅觉丧失。自述一周前曾接触一位确诊感染严重急性呼吸综合征冠状病毒 2（SARS-CoV-2，以下简称新冠病毒）的同事。

如果你是医生，基于上述症状和接触史，将采取哪些实验室检测方法来辅助诊断?

第二节 样 本 采 集

一、采集对象

新冠病毒感染病例、可疑感染人员和其他需要进行检测的人员，以及可能被污染的环境或物品等。

二、采样人员基本要求

从事样本采集的技术人员应当经过生物安全和实验室检测技术培训，熟练掌握样本采集方法和操作流程，考核合格后方可上岗。采样时，应做好样本信息记录，严格遵守操作流程，确保样本质量符合要求、样本及相关信息可追溯。

三、采集样本基本要求

1. 采集对象 住院病例的样本由所在医院的医护人员采集，密切接触者样本由当地指定的疾控机构、医疗机构负责采集。采集样本时，要根据不同采集对象设置不同的采样区域，发热患者前往发热门诊就诊和采样。

2. 采集管理 确诊病例、无症状感染者、入境人员、密切接触者，在住院、隔离观察或健康监测期间应“单采单检”，即单独采集个体的样本，单管进行核酸检测。

3. 采集信息　根据临床及实验室检测工作的需要，可在住院、隔离期间多次采样，可同时采集呼吸道、血液、便等多种样本。采样人员应严格遵循采样规范，保障所采集样本质量符合要求，同时应详细记录受检者信息，可利用条形码扫描等信息化手段采集相关信息。

4. 采样管选择　人群筛查应根据核酸提取、检测所用试剂的要求确定采样管，用于病毒分离的样本应使用不含病毒灭活剂的采样管。

5. 环境采样　物品和环境监测应根据监测目的和防控需求，确定采样物品、位置与数量，采样时应严格遵循采样规范。

四、采集样本种类

每个病例必须采集呼吸道样本（上呼吸道样本或下呼吸道样本），重症病例优先采集下呼吸道样本；根据临床需要可留取便样本、全血样本、血清样本和尿样本。物品和环境样本根据监测需求采集。

1. 上呼吸道样本　鼻咽拭子、口咽拭子等。

2. 下呼吸道样本　深咳痰液、肺泡灌洗液、支气管灌洗液、呼吸道吸取物等。

3. 便样本/肛拭子　留取粪便样本约 10g（花生大小），如果不便于留取便样本，可采集肛拭子。

4. 全血样本　抗凝血，采集量 5mL，建议使用含有 EDTA 抗凝剂的真空采血管采集血液。

5. 血清样本　尽量采集急性期、恢复期双份血清。血清应当尽早（最好在发病后 7 d 内）采集，第二份血清应当在发病后第 3～4 周采集。采集量 5mL，建议使用无抗凝剂的真空采血管。血清样本主要用于抗体的测定，不进行核酸检测。

6. 尿样本　留取中段晨尿，采集量 2～3mL。

7. 物体表面样本　对包括进口冷链食品或进口货物的内外包装表面，以及运输储藏工具等可能被污染的部位进行涂抹采集的样本。

8. 其他　已有唾液等样本用于新冠病毒检测的报道。

思考题

病毒的分离培养与鉴定是病毒性传染病病原学诊断的“金标准”，但方法复杂、要求严格且耗时较长，一般在什么样的情况下应该进行病毒的分离培养与鉴定实验？

第三节　新冠病毒的宏基因组测序

宏基因组（metagenome）是样本中全部微生物遗传物质的总和，包括可培养和不可培养微生物的基因。病毒宏基因组测序是通过对样本中病毒核酸的高通量测序和生物信息学分析了解样本中病毒组构成的研究方法。这种方法对研究病毒多样性、检测未知病毒、监测特定病毒动态变化等具有重要价值。此外，病毒宏基因组研究有助于了解病毒的传播途径、宿主范围和变异情况，为疫情防控提供科学依据。

发现和鉴定新病毒及确定新病毒与疾病的关系是预防、诊断和治疗新发传染病的重要任务。新冠病毒的暴发给人类安全健康带来了巨大威胁，研究人员利用宏基因组技术，从新型冠状病毒感染（COVID-19）患者的支气管肺泡灌洗液中检测出病原体遗传信息，并通过与之前的严重急性呼吸道综合征（SARS）病毒比较，最终确定了这是一种新型冠状病毒SARS-CoV-2，为全球紧急开展疫情防控、研发诊断试剂和疫苗奠定了基础。病毒宏基因组技术在临床病原学诊断、新发病毒预警、流行病学研究等方面发挥着重要作用。

一、实验目的

本实验以虚拟实验的方式，采用病毒宏基因组学技术对疑似新冠病毒感染人群的样本进行研究，鉴定新冠病毒种类并获得病毒全基因组，对可能存在的新冠病毒的进化和遗传关系进行分析，同时检测样本中可能存在的其他病毒，为传染病的诊断和防控提供依据。

二、实验原理

因新冠病毒是RNA病毒，利用病毒RNA提取试剂盒提取病毒RNA，逆转录后进行高通量测序，通过生物信息学方法获得样本中所有病毒组成及相对丰度，对新冠病毒阳性样本，尽量拼接出病毒全基因组，同时识别样本中可能存在的其他病毒。

三、实验用品

（一）样本

疑似COVID-19患者的鼻拭子或咽拭子样本，储存在−80℃冰箱直至使用。

（二）仪器设备

核酸电泳仪、凝胶成像系统、分光光度计、PCR仪、相关分析软件等。

（三）试剂

病毒RNA小提试剂盒、RNA文库构建试剂盒、电泳相关试剂等。

四、实验方法

（一）宏基因组测序

1. 核酸提取 按照病毒RNA小提试剂盒说明书的要求，提取鼻拭子或咽拭子上清中的核酸。注意防止 RNA 酶污染。

2. 文库构建 按照 RNA 文库构建试剂盒说明书的要求构建 RNA 测序文库。

3. 上机测序 质检合格的文库采用 Illumina、BGISeq 等测序平台进行高通量测序。

（二）宏基因组分析

1. 测序数据预处理 高通量测序得到的图像数据文件，经碱基识别（base calling）分析转化为原始数据（raw data），以 FASTQ 文件格式储存，其中包含测序序列的序列信息及其对应的测序质量信息。原始数据下机后，为了保证后续分析的准确性，使用 Trimmomatic 软件（或类似质控功能的软件）进行质控，删去低质量或无意义的读长（reads），得到高质量的 clean reads。为了去除核糖体 RNA 污染，使用 BWA 软件把 clean reads 与核糖体比对，保留比对长度低于 reads 总长 80%的比对结果，并去除其他序列。

2. 数据组装 使用 Megahit 软件对 clean reads 进行组装，使用 BWA 软件把 clean reads 与组装结果比对，计算 reads 利用率。

3. 病毒序列的鉴定与分类注释 通过 CheckV 软件中封装的 Prodigal 包进行基因注释，以识别宿主污染并鉴定病毒基因。CheckV 软件还通过序列比对等方法鉴定潜在的病毒序列，预测其完整病毒结构，并评估序列的质量。根据 CheckV 软件鉴定出的病毒序列，对鉴定方法和完整度划分不同的分类标签，并提取所有的病毒序列。过滤掉基因组类型为 DNA 的病毒序列，并基于筛选得到的 RNA 病毒序列进行后续的比对注释和统计分析。

4. 病毒丰度分析 根据上述病毒序列鉴定和分类注释结果，对鉴定到的 RNA 病毒序列进行丰度统计，并对 RNA 病毒注释属水平做相关信息介绍。

5. 病毒基因预测 利用 Prokka 软件对 RNA 病毒序列重叠群（contig）进行基因预测，过滤掉核酸长度小于 200bp 的序列。使用 Celera Assembler、Canu 等软件尝试构建完整的病毒基因组。

6. 病毒基因功能分析 使用 blastp 软件把基因的蛋白质序列与 UniProtKB/Swiss-Prot 数据库的病毒蛋白序列比对，获取病毒的功能信息。使用 diamond 软件将非冗余基因集序列与 KEGG 的基因数据库进行基因的同源性比对。

五、实验结果观察与分析

通过对样本进行病毒宏基因组测序，可以从组装的序列中识别病毒序列并注释，进而获得病毒的全基因组序列。对于新冠病毒阳性样本，比较分析各样本新冠病毒序列的相似度，可以获得高度同源的基因序列，这为新冠病毒的检测、疫苗和药物的研发提供重要依据，也有助于监测病毒的变异和演化趋势。将新冠病毒基因组与近源序列构建进化树，分析新冠病毒与已知病毒在进化上的相关性，并确定新冠病毒相应的病毒家族或属。对新冠病毒基因组序列进行比对分析，可以推测病毒的来源、中间宿主或直接宿主，有助于追踪病毒的传播路径和疫情防控。

本实验重点关注的新冠病毒是 RNA 病毒。在病毒宏基因组测序过程中，一般使用针对性的 DNA 或 RNA 提取试剂盒分别提取这两种类型的病毒。DNA 和 RNA 病毒的文库构建过程也有所不同。RNA 病毒需要将其 RNA 逆转录合成 cDNA 后进行文库构建。相比之下，DNA 病毒测序的起始材料是 DNA，可直接用于文库构建。

综上所述，病毒宏基因组测序作为一种高效、无偏且快速的检测手段，在病毒研究领域表现出独特优势，特别是在公共卫生和传染病防控方面。虽然病毒宏基因组测序在临床应用过程中仍存在一定的局限性，但随着技术平台的完善、生物信息学分析技术的进步及临床研究的增加，其将在临床实践中持续发展，为基础科学研究和技术应用提供更广阔的前景。

思考题

1. 宏基因组、微生物组、病毒组的概念有何不同？
2. 病毒宏基因组分析过程中核糖体数据去除是否必要？
3. 样本经过前期病毒富集，为什么还要在分析过程进行宿主数据去除？

第四节 新冠病毒的分离培养

一、实验目的

在病毒学研究中，病毒的分离培养与鉴定是病毒病原学诊断的“金标准”。病毒是严格的细胞内寄生的微生物，必须根据病毒种类选择相应的细胞或易感动物进行病毒培养。

二、实验原理

常用于细胞培养的细胞有原代细胞、二倍体细胞和传代细胞系，由于细胞特性不同，可应用于不同的实验目的。新鲜的组织或器官通过胰蛋白酶消化，形成单个细胞悬液，选用合适的培养基，在适当的温度等培养条件下培养数天后形成单细胞层，称为原代细胞培养。原代细胞保有原组织器官特性，对病毒最为敏感，常用于直接从样本中分离病毒。例如，可使用人呼吸道上皮细胞分离新冠病毒。某些原代细胞在分裂 50 代以后仍保持染色体二倍体的特征，称为二倍体细胞。常用的二倍体细胞有猴肾细胞、地鼠肾细胞、人胚肾细胞等，这些细胞对病毒易感，常被用于病毒分离与疫苗制备。二倍体细胞不能无限传代，多次传代后会出现细胞老化，敏感度降低。传代细胞系来源于肿瘤细胞及发生转化的二倍体细胞，通常可以无限传代。常见的传代细胞系有人宫颈癌细胞（HeLa）、传代地鼠肾细胞（BHK21）、传代非洲绿猴肾细胞（Vero）等，新冠病毒的培养可使用非洲绿猴肾细胞。

三、实验用品

（一）样本

COVID-19 患者支气管肺泡灌洗液样本、COVID-19 患者鼻咽拭子样本、人呼吸道上皮细胞、Vero 细胞等。

（二）器材

5% CO_2 恒温细胞培养箱、光学显微镜、离心机、75cm^2 细胞培养瓶、24 孔细胞培养板等。

（三）试剂

PBS、胎牛血清、DMEM 培养基、甲基纤维素等。

四、实验方法

（一）实验流程

实验流程如图 10-2 所示。

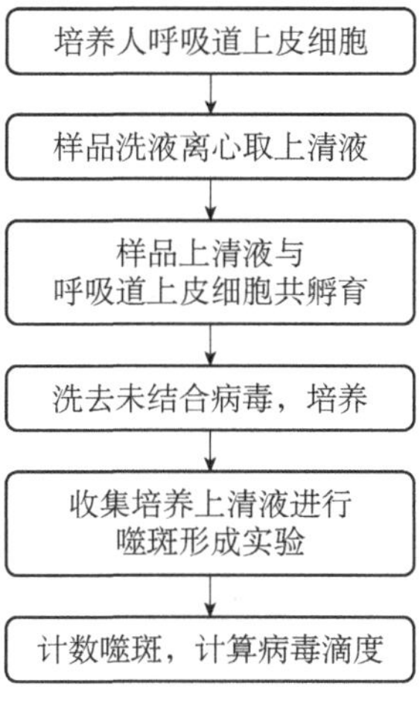

图 10-2　新冠病毒分离培养的实验流程

（二）实验步骤

1. 细胞培养　前一日以合适细胞浓度（5×10^6～1×10^7 个/mL）接种人呼吸道上皮细胞，确保细胞次日生长至 90%左右的汇合度。

2. 离心去除细胞碎片　将无菌支气管肺泡灌洗液或鼻咽拭子洗液样品置于离心机 1000r/min 离心 5min，去除细胞碎片。

3. 清洗细胞　使用 PBS 将人呼吸道上皮细胞清洗 3 次。

4. 样品上清液与细胞共孵育 将样品上清液接种于人呼吸道上皮细胞，37℃ 5% CO_2 恒温细胞培养箱中孵育 2h 后，500μL PBS 洗涤 10min，去除未结合的病毒；补充病毒维持培养基，将细胞置于 37℃、5% CO_2 恒温细胞培养箱中孵育。

5. 观察细胞病变 光学显微镜下观察致细胞病变效应（CPE），在第 5～7 天收集细胞培养上清液。

6. 检测病毒滴度 对病毒上清液进行噬斑形成实验，测定病毒滴度。前一日以合适细胞浓度接种 Vero 细胞于 24 孔细胞培养板，确保细胞次日生长至 90%左右的汇合度；将待测病毒液置于离心机，1000r/min 离心 5min，去除细胞碎片；将待测病毒液进行 10 倍梯度稀释，弃去孔板中原培养基；将稀释后的病毒液加入 24 孔细胞培养板，每孔加入 100μL；将接种病毒的细胞培养板放入 37℃、5% CO_2 恒温细胞培养箱中孵育 1h；每孔加入 5mL 1% 甲基纤维素覆盖细胞，放入 37℃、5% CO_2 恒温细胞培养箱中继续培养 8d，镜下观察 CPE 现象。

7. 计算病毒滴度 倒掉细胞培养液，加入结晶紫染色 30min，洗去结晶紫，计数噬斑，计算病毒滴度。

五、实验结果观察与分析

将待测病毒液进行 10 倍稀释，定量接种于单层 Vero 细胞中，经过一段时间孵育后，覆盖甲基纤维素于细胞之上继续培养，由于病毒的增殖使得感染的单层细胞病变脱落，形成肉眼可见的噬斑，即噬斑形成试验。一个噬斑通常由一个病毒增殖所致，即一个噬斑形成单位，通过计数噬斑数量可推算出样品中活病毒的数量，单位以 PFU/mL 表示。

第五节 新冠病毒的核酸检测

一、实验目的

基因组时代的生物技术，包括聚合酶链反应、微芯片、高通量测序等，可以更加快速、灵敏地直接进行微生物病原的检测，甚至可在感染的潜伏期检测出极少量病毒。因此，研究人员提出了基因组时代的科赫法则：①病原体的核酸序列与疾病共存；②病原体的核酸序列可从患病生物中检测到，但未患病生物中不能检测出；③核酸序列拷贝数与疾病的严重程度具有相关性；④从序列推断出的病原体特性符合该类生物的生物学特性；⑤能够从细胞水平证明该微生物的存在；⑥上述序列分析结果可重复获得。

二、实验原理

聚合酶链反应技术用于上呼吸道样本中病毒 RNA 的检测，具有高特异性、高灵敏度和感染早期可检测等优点。在新冠病毒感染早期，单个鼻咽拭子即可能含有多达 10^4 个新冠病毒颗粒，而 IgM 抗体通常在初始症状出现后 5～10d 才开始出现。实时定量逆转录聚合酶链反应是最早、最灵敏地检测是否存在新冠病毒感染的方法。新冠疫情暴发期间，核酸检测一直被作为新冠诊断的“金标准”。

三、实验用品

（一）样本

COVID-19 患者鼻咽拭子。

（二）器材

荧光定量 PCR 仪、分光光度计、移液器、1.5mL 离心管等。

（三）试剂

Trizol、氯仿、异丙醇、75%乙醇、无 RNA 酶 ddH_2O、新冠病毒特异性引物和探针、RT-qPCR 试剂盒等。

四、实验方法

（一）实验流程

实验流程如图 10-3 所示。

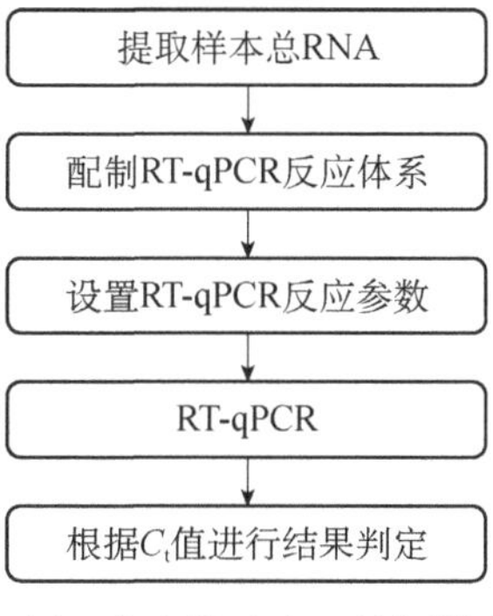

图 10-3　新冠病毒核酸定量检测的实验流程

（二）实验步骤

1. 提取 RNA　样本加入 Trizol 后室温孵育 5min；加入 200μL 氯仿，颠倒混匀 5 次，孵育 3min；在 15℃ 下以 12 000*g* 离心 4min；将含有 RNA 的透明上层水层转移到新的 1.5mL 离心管中；加入 350μL 异丙醇。在冰上孵育 10min 后，温和地上下颠倒混匀 5 次；将样品在 10℃ 下以 12 000*g* 离心 4min，弃去上清液；剩余的沉淀在 500μL 75%乙醇中洗涤；

将样品再次在 10℃ 下以 12 000g 离心 4min；弃去上清液，将 RNA 沉淀风干 5min；将沉淀重悬于 10μL 无 RNA 酶 ddH_2O 中。

2. 测定 RNA 浓度 使用分光光度计通过计算 260nm/280nm 和 260nm/230nm 波长处的光密度比来测定 RNA 浓度和纯度。

3. 合成特异性引物和探针

Target 1（ORF1ab）

正向引物（F）：5′-CCCTGTGGGTTTTACACTTAA-3′

反向引物（R）：5′-ACGATTGTGCATCAGCTGA-3′

荧光探针（P）：5′-FAM-CCGTCTGCGGTATGTGGAAAGGTTATGG-BHQ1-3′

Target 2（N）

正向引物（F）：5′-GGGGAACTTCTCCTGCTAGAAT-3′

反向引物（R）：5′-CAGACATTTTGCTCTCAAGCTG-3′

荧光探针（P）：5′-FAM-TTGCTGCTGCTTGACAGATT-TAMRA-3′

4. RT-qPCR 测定 RNA 载量 根据样品数量提前配制好不含 RNA 模板（样品）的总体系，在 PCR 管中加入总体系后分别加入模板。反应体系如下：

2×FastKing RT-qPCR buffer（SYBR Green）	10μL
25×RT-PCR Enzyme Mix	0.8μL
正向引物（10μmol/L）	0.5μL
反向引物（10μmol/L）	0.5μL
荧光探针（10μmol/L）	0.4μL
RNA 模板	1μL
50×ROX Reference Dye	0.4μL
无 RNA 酶 ddH_2O	6.4μL

5. RT-qPCR 反应 反应参数设置如下：

反应温度	反应时间	反应循环数	说明
50℃	30min	1	逆转录
95℃	3min	1	预变性
95℃	15s	40	PCR 循环步骤
60℃	1min		该步骤收集荧光（添加熔解曲线）

五、实验结果观察与分析

阴性：无 C_t 值或 C_t 值为 40。阳性：C_t 值<37，可报告为阳性。可疑：C_t 值在 37～40，建议重复实验，若重做结果 C_t 值<40，扩增曲线有明显起峰，该样本判断为阳性，否则为阴性。在实践过程中，为满足大量人群短时间内完成核酸检测的需求，中国疾病预防控制中心建议将 5～10 个样本混合在一个试管中进行核酸检测。一旦在混合样本中检测到异常，添加到混合样本中的所有样本再次单独测试，这一方法大大提高了检测效率，也节约了检测成本，可被广泛应用于大规模人群筛查。

思考题

1. 目前有哪些方法可用于定量病毒滴度？
2. 请简单描述核酸样本采样的规范流程。
3. 新冠病毒核酸的 RT-qPCR 检测的步骤有哪些？

第六节　假病毒中和试验

一、实验目的

在新冠病毒流行期间，病毒中和抗体的检测、抗病毒药物的筛选等都高度依赖于活病毒的培养。然而，活病毒必须在 BSL-3 或 BSL-4 实验室中操作。面对此类高致病性病毒，用复制缺陷型假病毒（pseudovirus）代替活病毒是一种安全高效的研究策略。假病毒系统可以在 BSL-2 实验条件下进行，且假病毒中和试验与活病毒检测结果具有较高的一致性。

二、实验原理

假病毒是指用一种病毒的包膜蛋白包被另一种病毒的核衣壳所形成的病毒粒子，可以模拟包膜蛋白来源病毒入侵靶细胞的过程。在制备用于中和试验的假病毒时，提供包膜蛋白的病毒（目的病毒）是待分析的高致病性病毒，而提供核衣壳的病毒则常选用复制缺陷型的重组 HIV 基因组，其中 HIV 的包膜蛋白基因被荧光素酶或荧光蛋白等报告基因取代。上述方法制备的假病毒不仅感染后无法复制，能够在 BSL-2 实验室中操作，而且可以通过检测感染细胞中报告基因的表达水平方便地评价假病毒感染水平，是一种安全高效的检测工具。

在实际操作中，目的病毒的包膜蛋白基因、带报告基因的 HIV 基因组分别被克隆在不同的质粒中。当用这些质粒共同转染包装细胞（常用 293T 细胞）约 48h 后，在细胞内产生的假病毒就会被释放到培养基中。收集上清液，与梯度稀释的待测中和抗体混合，然后感染目的病毒的易感细胞，再经过约 48h 后，检测易感细胞表达报告基因的水平，即可判断假病毒感染的多少进而评价待测中和抗体的效价。

三、实验用品

（一）样本

感受态大肠杆菌、293T 细胞、Vero 细胞、目的病毒包膜基因质粒 pLV-Spike、携带报告基因 HIV 基因组的质粒 pCDH-Luc、HIV 包装辅助质粒 psPAX2。

（二）器材

摇床、离心机、细胞恒温培养箱、化学发光检测仪、黑色 96 孔板等。

（三）试剂

无内毒素质粒大量提取试剂盒、转染试剂、荧光素酶底物等。

四、实验方法

（一）实验流程

实验流程如图 10-4 所示。

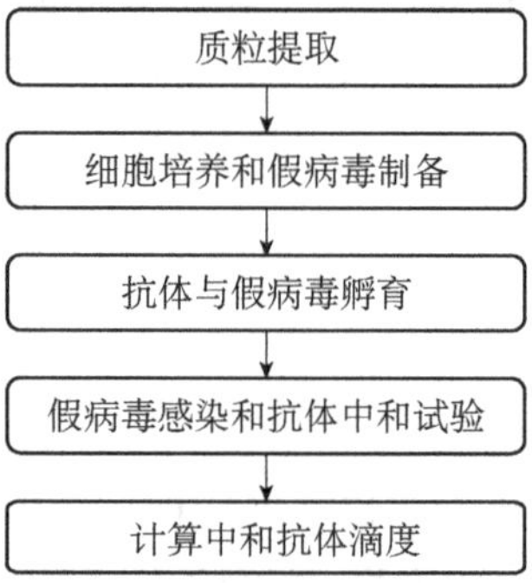

图 10-4　假病毒中和试验的流程

（二）实验步骤

1. 质粒提取　采用热激法进行质粒转化；从大肠杆菌中扩增包装假病毒所需的质粒；参照说明书用商品化无内毒素质粒大量提取试剂盒进行质粒提取。

2. 细胞培养和假病毒制备　转染前一天，将 6×10^5 个/mL 293T 细胞接种于细胞培养皿。次日细胞汇合度达到 80%～90%后，按照转染试剂说明书进行转染；将 pLV-Spike、pCDH-Luc 和 psPAX2 三种质粒以 1∶3∶3 的比例共转染包装出 SARS-CoV-2 假病毒；将 Vero 细胞（或其他 SARS-CoV-2 易感细胞）接种于不透光的黑色 96 孔板，放入细胞恒温培养箱过夜培养至细胞汇合度达到 70%～80%。

3. 抗体与假病毒孵育　待测 SARS-CoV-2 中和抗体按照 1∶5 倍比稀释为 9 个浓度梯度，然后与相同滴度的假病毒等体积混合，37℃ 孵育 1h。

4. 假病毒感染和抗体中和试验　向 Vero 细胞中加入 100μL 假病毒与待测中和抗体的混合液，使抗体终浓度为 2.56×10^{-4}～100μg/mL。

5. 计算中和抗体滴度　将细胞放入 37℃、5%CO_2 细胞培养箱，72h 后收获细胞，检测荧光素酶活性。利用 GraphPad Prism 8 拟合非线性回归曲线，计算半数抑制浓度（IC_{50}）。

五、实验结果观察与分析

根据化学发光的强弱可以判断假病毒感染的多少，进而可以评价各种稀释浓度下中和抗体抑制假病毒感染的能力。绘制中和抗体效价-化学发光强弱曲线，根据曲线判断中和抗体的中和水平。如果在实验中用小分子抑制剂或者其他具有抑制活性的物质代替中和抗体，也可以进行类似的分析。

思考题

1. 假病毒与真病毒相比具有什么优点？
2. 目前常见的假病毒系统有哪些？

（王培刚　潘冬立　盛子洋）

主要参考文献

邓波儿，孔为民. 2019. 基因芯片在宫颈癌中的研究进展. 医学综述，25（22）：4433-4437.

窦安华，韩崇旭，周成林. 2020. 病毒宏基因组学技术及其在医学领域的应用. 病毒学报，36（1）：130-137.

方蕾，顾呈华，江琳，等. 2023. 疾控机构新冠病毒检测设备配置要点探讨. 中国设备工程，5：266-268.

郭秋艳，黄晓婕，代丽丽，等. 2007. bDNA 和 NASBA 法定量检测 HIV-1 病毒载量的比较研究. 中国病原生物学杂志，2（5）：326-328.

国家市场监督管理总局，国家标准化管理委员会. 2022. 生物安全柜：GB 41918—2022. 北京：中国标准出版社.

国家市场监督管理总局，国家标准化管理委员会. 2023. 大型压力蒸汽灭菌器技术要求：GB 8599—2023. 北京：中国标准出版社.

李维前，季红菊，王玉莹，等. 2016. 原位杂交技术检测 HPV-DNA 的应用及体会. 实用妇科内分泌杂志（电子版），3（10）：29-30.

李勇. 2009. 实验室生物安全管理体系的构建与实施. 北京：军事医学科学院出版社.

梁茜，李建文，高英堂，等. 2009. 基因芯片检测人乳头瘤病毒在子宫内膜癌组织中的感染状况. 天津医药，37（11）：926-928.

梁志坤，李可胜，蒋析文. 2023. 病毒宏基因组在医学上的应用与未来展望. 分子诊断与治疗杂志，15（1）：177-180.

刘跃华，王家璧，司静懿. 1995. 聚合酶链反应和斑点杂交方法检测人乳头瘤病毒 DNA. 中华皮肤科杂志，28（3）：170-171.

彭宜红，郭德银. 2024. 医学微生物学. 4 版. 北京：人民卫生出版社.

孙翔翔，张喜悦. 2020. 实验室生物安全管理体系及其运转. 北京：中国农业出版社.

谈伟，陈咏妍，张欣欣. 2021. 轮状病毒感染实验室诊断研究进展. 微生物与感染，16（4）：285-290.

王滔，陈宗峰，陈骏扬，等. 2010. 环介导恒温扩增技术在轮状病毒基因检测中的应用. 福建医药杂志，32（6）：6-8.

王月丹. 2008. 医学免疫学与病原生物学实验教程. 北京：北京大学医学出版社.

吴兴安，张芳琳. 2019. 医学微生物学实验教程. 2 版. 西安：第四军医大学出版社.

武桂珍，王建伟. 2020. 实验室生物安全手册. 北京：人民卫生出版社.

夏佩莹，李凤云，汪万英，等. 2000. HPV 核酸探针斑点杂交技术在诊断尖锐湿疣中的应用. 蚌埠医学院学报，25（3）：163-164.

徐志凯，郭晓奎. 2020. 医学微生物学. 2 版. 北京：人民卫生出版社.
徐志凯. 2016. 医学微生物学实验指导. 北京：人民卫生出版社.
杨挺，浦洁，谢平，等. 2011. 基因芯片对尖锐湿疣患者人乳头瘤病毒的检测和基因分型. 国际检验医学杂志，32（1）：97-99.
于礼，王劲，刘国栋，等. 2017. GFP 标记的重组腺病毒在消毒效果评价中的应用研究. 中国消毒学杂志，34（11）：997-1000.
张文，代紫苑，鲍思雯，等. 2021. 病毒宏基因组学在新发病毒快速确认中的优势. 江苏大学学报（医学版），31（1）：6-10，16.
赵继红，李雯，卢义生，等. 2005. 原位核酸杂交技术在人乳头瘤病毒检测中的应用. 实用医技杂志，10：1279-1281.
赵乐，韩玲. 2013. 核酸原位杂交技术在细胞病理学的应用. 中国医药指南，11（2）：377-378.
中国疾病预防控制中心. 2008. HIV-1 病毒载量检测及质量保证指南（2008 年版）.
中国疾病预防控制中心. 2017. 全国流感监测技术指南. https://ivdc.chinacdc.cn/cnic/zyzx/jcfa/201709/P020170930331067634607.pdf[2024-09-12].
中国疾病预防控制中心. 2020. 全国艾滋病检测技术规范（2020 年修订版）. https://ncaids.chinacdc.cn/zxzx/zxdteff/202005/W020200522484711502629.pdf[2024-08-02].
中国疾病预防控制中心. 2021. 全国病毒性腹泻监测方案（2021 年版）. https://www.chinacdc.cn/jkzt/crb/bl/grxfxb/jszl_2265/202406/P020240604487528524152.pdf[2024-08-02].
中华人民共和国第十三届全国人民代表大会常务委员会. 2024. 中华人民共和国生物安全法. 北京：法律出版社.
中华人民共和国国家卫生和计划生育委员会. 2017. 病原微生物实验室生物安全通用准则：WS 233—2017. 北京：中国标准出版社.
中华人民共和国国家卫生健康委员会，国家中医药管理局. 2020. 流行性感冒诊疗方案（2020 年版）. https://www.gov.cn/zhengce/zhengceku/2020-11/05/5557639/files/74899af960ff4f228e280d08b60d2af1.pdf[2024-08-02].
中华人民共和国国家卫生健康委员会. 2019. 艾滋病和艾滋病病毒感染诊断：WS 293—2019. 北京：中国标准出版社.
中华人民共和国国家卫生健康委员会. 2023. 人间传染的病原微生物目录. http://www.nhc.gov.cn/qjjys/s7948/202308/b6b51d792d394fbea175e4c8094dc87e.shtml[2024-08-02].
中华人民共和国国家质量监督检验检疫总局、中国国家标准化管理委员会. 2008. 实验室生物安全通用要求：GB 19489—2008. 北京：中国标准出版社.
中华人民共和国国务院. 2004. 病原微生物实验室生物安全管理条例. 中华人民共和国国务院令第 424 号（2018 年修订）. https://zwfw.nhc.gov.cn/kzx/zcfg/gzbxbywswyssp_243/201803/t20180319_1339.html[2024-08-02].
中华人民共和国农业农村部. 2005. 动物病原微生物分类名录. http://www.moa.gov.cn/govpublic/CYZCFGS/201006/t20100606_1532718.htm[2024-08-02].
中华人民共和国农业农村部. 2008. 动物病原微生物实验活动生物安全要求细则. http://www.moa.gov.cn/hd/zqyj/201311/t20131121_3683017.htm[2024-08-02].

中华医学会感染病学分会，中国疾病预防控制中心. 2024. 中国艾滋病诊疗指南（2024年版）. https://rs.yiigle.com/cmaid/1501644[2024-08-02].

中华医学会感染病学分会，中华医学会肝病学分会. 2019. 慢性乙型肝炎防治指南（2019年版）临床肝胆病杂志，35（12）：2648-2669.

Atabakhsh P，Kargar M，Doosti A. 2021. Detection and evaluation of rotavirus surveillance methods as viral indicator in the aquatic environments. Braz J Microbiol，52（2）：811-820.

Bao L，Deng W，Huang B，et al. 2020. The pathogenicity of SARS-CoV-2 in hACE2 transgenic mice. Nature，583（7818）：830-833.

Bewley KR，Coombes NS，Gagnon L，et al. 2021. Quantification of SARS-CoV-2 neutralizing antibody by wild-type plaque reduction neutralization，microneutralization and pseudotyped virus neutralization assays. Nat Protoc，16（6）：3114-3140.

Biswas S，Devi YD，Sarma D，et al. 2023. Detection and analysis of rotavirus in clinical stool samples using silver nanoparticle functionalized paper as SERS substrate. Spectrochim Acta A Mol Biomol Spectrosc，295：122610.

Bolger AM，Lohse M，Usadel B. 2014. Trimmomatic：a flexible trimmer for Illumina sequence data. Bioinformatics，30（15）：2114-2120.

Buchfink B，Xie C，Huson DH. 2015. Fast and sensitive protein alignment using DIAMOND. Nat Methods，12（1）：59-60.

Cassedy A，Parle-McDermott A，O'Kennedy R. 2021. Virus detection：a review of the current and emerging molecular and immunological methods. Front Mol Biosci，8：637559.

Department of Health and Human Services Public Health Service，Centers for Disease Control and Prevention，National Institutes of Health. 2020. Biosafety in Microbiological and Biomedical Laboratories（BMBL）. 6th ed. https://www.cdc.gov/labs/pdf/SF__19_308133-A_BMBL6_00-BOOK-WEB-final-3.pdf[2024-08-02].

Gu H，Chen Q，Yang G，et al. 2020. Adaptation of SARS-CoV-2 in BALB/c mice for testing vaccine efficacy. Science，369（6511）：1603-1607.

Howley PM，Knipe DM. 2023. Fields Virology. 7th ed. Riverwoods:Wolters Kluwer Health.

Kellokoski J，Syrjänen S，Yliskoski M，et al. 1992. Dot blot hybridization in detection of human papillomavirus（HPV）infections in the oral cavity of women with genital HPV infections. Oral Microbiol Immunol，7（1）：19-23.

Lam TTY，Jia N，Zhang YW，et al. 2020. Identifying SARS-CoV-2-related coronaviruses in Malayan pangolins. Nature，583（7815）：282-285.

Li D，Luo R，Liu CM，et al. 2016. MEGAHIT v1.0：a fast and scalable metagenome assembler driven by advanced methodologies and community practices. Methods，102：3-11.

Li H，Durbin R. 2009. Fast and accurate short read alignment with Burrows-Wheeler transform. Bioinformatics，25（14）：1754-1760.

Malik YS，Verma AK，Kumar N，et al. 2019. Advances in diagnostic approaches for viral etiologies of diarrhea：from the lab to the field. Front Microbiol，10：1957.

Nayfach S，Camargo AP，Schulz F，et al. 2021. CheckV assesses the quality and completeness of metagenome-assembled viral genomes. Nat Biotechnol，39（5）：578-585.

Nie J，Li Q，Wu J，et al. 2020. Establishment and validation of a pseudovirus neutralization assay for SARS-CoV-2. Emerg Microbes Infect，9（1）：680-686.

Nie Y，Wang P，Shi X，et al. 2004. Highly infectious SARS-CoV pseudotyped virus reveals the cell tropism and its correlation with receptor expression. Biochem Biophys Res Commun，321（4）：994-1000.

Parashar UD，Nelson EA，Kang G. 2013. Diagnosis，management，and prevention of rotavirus gastroenteritis in children. BMJ，347：f7204.

Park M，Won J，Choi BY，et al. 2020. Optimization of primer sets and detection protocols for SARS-CoV-2 of coronavirus disease 2019（COVID-19）using PCR and real-time PCR. Exp Mol Med，52（6）：963-977.

Seemann T. 2014. Prokka：rapid prokaryotic genome annotation. Bioinformatics，30（14）：2068-2069.

Won J，Lee S，Park M，et al. 2020. Development of a laboratory-safe and low-cost detection protocol for SARS-CoV-2 of the coronavirus disease 2019（COVID-19）. Exp Neurobiol，29（2）：107-119.

World Health Organization. 2009. Manual of rotavirus detection and characterization methods. https://iris.who.int/bitstream/handle/10665/70122/WHO_IVB_08.17_eng.pdf?sequence=1&isAllowed=y

World Health Organization. 2020. Laboratory biosafety manual. 4th ed. https://iris.who.int/bitstream/handle/10665/337956/9789240011311-eng.pdf?sequence=1[2024-08-02].

Ye SH，Siddle KJ，Park DJ，et al. 2019. Benchmarking metagenomics tools for taxonomic classification. Cell，178（4）：779-794.

Zhang W，Kapadia M，Sugarman M，et al. 2012. Adjunctive HPV *in-situ* hybridization（ISH）assay as an aid in the diagnosis of cervical intraepithelial neoplasia in cervical tissue specimens：an analytical and functional characterization. Int J Gynecol Pathol，31（6）：588-595.

Zhang WJ，Kapadia M，Sugarman M，et al. 2012. Int J Gynecol Pathol，31（6）：588-595

Zhou P，Yang XL，Wang XG，et al. 2020. A pneumonia outbreak associated with a new coronavirus of probable bat origin. Nature，579（7798）：270-273.

Zhou Y，Zhang L，Xie YH，et al. 2022. Advancements in detection of SARS-CoV-2 infection for confronting COVID-19 pandemics. Lab Invest，102（1）：4-13.

Zhu N，Wang W，Liu Z，et al. 2020. Morphogenesis and cytopathic effect of SARS-CoV-2 infection in human airway epithelial cells. Nat Commun，11（1）：3910.

Zhu N，Zhang D，Wang W，et al. 2020. A novel coronavirus from patients with pneumonia in China，2019. N Engl J Med，382（8）：727-733.

缩　略　词

英文缩略词	英文全称	中文
ABSL	animal biosafety level / animal biosafety laboratory	动物生物安全水平/动物生物安全实验室
AGE	acute gastroenteritis	急性肠胃炎
ART	anti-retroviral therapy	抗逆转录病毒治疗
BSC	biosafety cabinet	生物安全柜
BSL	biosafety laboratory	生物安全实验室
CAR	coxsackievirus and adenovirus receptor	柯萨奇病毒-腺病毒受体
cccDNA	covalently closed circular DNA	共价闭合环状 DNA
ChIP	chromatin immunoprecipitation	染色质免疫沉淀
CIN	cervical intraepithelial neoplasia	宫颈上皮内瘤变
CLIA	chemiluminescence immunoassay	化学发光免疫分析
CoV	cut-off value	临界值
CPE	cytopathic effect	致细胞病变效应
CV	coefficient of variation	变异系数
DBS	dried blood spot sample	干血斑样本
ddPCR	droplet digital PCR	微滴数字 PCR
dPCR	digital PCR	数字 PCR
ECL	electrochemical luminescence	电化学发光
ECLIA	electrochemiluminescence immunoassay	电化学发光免疫分析法
EIA	enzyme-linked immunoassay	酶联免疫技术
ELISA	enzyme linked immunosorbent assay	酶联免疫吸附试验
FBS	fetal bovine serum	胎牛血清
GFP	green fluorescent protein	绿色荧光蛋白
HAT	hemagglutination test	血凝试验
HBcAb	hepatitis B core antibody	乙肝核心抗体
HBeAb	hepatitis B e antibody	乙肝 e 抗体
HBeAg	hepatitis B e antigen	乙肝 e 抗原
HBIg	hepatitis B immune globulin	乙肝免疫球蛋白
HBsAb	hepatitis B surface antibody	乙肝表面抗体
HBsAg	hepatitis B surface antigen	乙肝表面抗原
HBV	hepatitis B virus	乙型肝炎病毒

续表

英文缩略词	英文全称	中文
HEPA	high efficiency particulate air filter	高效空气过滤器
HFRS	hemorrhagic fever with renal syndrome	肾综合征出血热
HIT	hemagglutination inhibition test	血凝抑制试验
HIV	human immunodeficiency virus	人类免疫缺陷病毒
HPS	hantavirus pulmonary syndrome	汉坦病毒肺综合征
HPV	human papillomavirus	人乳头瘤病毒
HRP	horseradish peroxidase	辣根过氧化物酶
HST	HIV self-testing	人类免疫缺陷病毒自我检测
IC_{50}	half maximal inhibitory concentration	半数抑制浓度
IFA	immunofluorescence assay	免疫荧光试验
IHC	immunohistochemistry	免疫组织化学
ISH	*in situ* hybridization	原位杂交
ITR	inverted terminal repeat	反向末端重复序列
LAI	laboratory acquired infection	实验室获得性感染
LAMP	loop-mediated isothermal amplification	环介导等温扩增
LIA	line immunoassay	线性免疫印迹
NASBA	nucleic acid sequence-based amplification	核酸序列依赖性扩增
NIH	National Institutes of Health	美国国立卫生研究院
PA	particle agglutination test	颗粒凝集试验
PAGE	polyacrylamide gel electrophoresis	聚丙烯酰胺凝胶电泳
PBMC	peripheral blood mononuclear cell	外周血单个核细胞
PBS	phosphate buffered saline	磷酸盐缓冲液
PCR	polymerase chain reaction	聚合酶链反应
PFT	plaque forming test	噬斑形成试验
PFU	plaque forming unit	噬斑形成单位
qPCR	quantitative PCR	定量 PCR
rcDNA	relaxed circular DNA	松弛环状 DNA
RIA	radioimmunoassay	放射免疫测定
RIBA	recombination immunoblotassay	重组免疫印迹
RLU	relative light unit	相对光量值
RT	reverse transcription	逆转录
RT-PCR	reverse transcription PCR	逆转录 PCR
RV	rotavirus	轮状病毒
SARS	severe acute respiratory syndrome	严重急性呼吸综合征

续表

英文缩略词	英文全称	中文
SDS-PAGE	SDS-polyacrylamide gel electrophoresis	SDS-聚丙烯酰胺凝胶电泳
SOP	standard operation procedure	标准操作规程
SPF	specific pathogen free	无特殊病原
$TCID_{50}$	50% tissue culture infectious dose	半数组织细胞感染量
TG	target gene	目的基因
TMB	3,3′,5,5′-tetramethylbenzidine	四甲基联苯胺
UNAIDS	Joint United Nations Programme on HIV/AIDS	联合国艾滋病规划署
VCT	voluntary counseling test	自愿咨询检测
WB	Western blot	免疫印迹